建筑设备自动化教程

陈怀成 主 编
朱登元 徐东宇 副主编

中国纺织出版社有限公司

内 容 提 要

建筑设备自动化对于现代建筑至关重要，不仅能够有效提升能源利用效率，减少不必要的能耗，提高建筑的效能、安全性和可持续性，还能显著提高建筑运维的便捷性和整体运营效率。基于此，本书介绍了建筑设备自动化系统工程的基本概念、技术基础以及各类建筑设备系统的自动化控制，适合高等院校建筑工程技术、建筑工程管理等相关专业师生及相关领域从业人员阅读参考，旨在提升读者对建筑设备自动化系统的认知及其在建筑设备自动化领域的专业技能，以期推动绿色建筑的发展。

图书在版编目（CIP）数据

建筑设备自动化教程 / 陈怀成主编；朱登元，徐东宇副主编. -- 北京：中国纺织出版社有限公司，2024.11. -- ISBN 978-7-5229-2345-1

Ⅰ. TU855

中国国家版本馆CIP数据核字第2024Q0T571号

责任编辑：向 隽 史 倩　　特约编辑：韦 春
责任校对：王花妮　　　　　　责任印制：储志伟

中国纺织出版社有限公司出版发行
地址：北京市朝阳区百子湾东里A407号楼　邮政编码：100124
销售电话：010—67004422　传真：010—87155801
http://www.c-textilep.com
中国纺织出版社天猫旗舰店
官方微博 http://weibo.com/2119887771
天津千鹤文化传播有限公司印刷　各地新华书店经销
2024年11月第1版第1次印刷
开本：710×1000　1/16　印张：15.25
字数：228千字　定价：98.00元

凡购本书，如有缺页、倒页、脱页，由本社图书营销中心调换

前　言

建筑设备自动化系统是利用传感器技术、网络技术和通信技术实现对建筑物内的机电设备监控的自动化控制系统。随着科技的进步，建筑设备将越来越智能化、系统化。未来，建筑设备的种类和功能将会更加复杂多样，对自动化控制的要求也会越来越高。因此，建筑设备自动化技术将不断向着智能化、人性化的方向发展，以满足更高的节能、环保和舒适性需求。碳达峰与碳中和的"30·60"目标开启了低碳新时代，也如同一根具有非凡力量的"指挥棒"，正在激发整个社会的巨大热情，并成为社会转型的巨大动力。与此同时，对建筑设备的智能化运行与维护提出了更高的要求。

本书共8章。第1章为建筑设备自动化控制技术基础，主要对建筑设备自动化系统的定义与发展、组成与体系结构、功能、控制原理等内容进行介绍。第2章为建筑设备自动化系统工程中的监控设备，对建筑设备自动化系统常用传感器、执行器、控制器加以详述。第3章为建筑给排水系统，主要内容包括建筑给水系统、建筑排水系统、建筑中水系统。第4章为建筑消防给水系统，主要介绍消火栓给水系统、自动喷水灭火系统、泡沫灭火系统、气体灭火系统等。第5章为建筑空调与集中空调系统，主要内容包括空气调节系统分类、空调负荷计算与送风量、集中式空调系统、半集中式空调系统、分散式空调系统。第6章为建筑供暖与通风系统，主要内容包括建筑供暖系统、建筑通风系统、建筑防烟系统。第7章为建筑供配电系统、电气照明系统及电梯系统，主要介绍建筑供配电系统、建筑电气照明系统、建筑电梯系统。第8章为智能建筑系统，主要介绍智能建筑系统概述、智能化集成系统、信息设施系统、建筑设备管理系统、公共安全系统。

在撰写过程中，本书参考了建筑设备、建筑系统自动化相关方面的著作及研究成果，在此，向这些学者致以诚挚的谢意。由于作者的水平和时间有限，书中不足之处在所难免，恳请读者批评指正。

陈怀成、朱登元、徐东宇
2024年6月

目 录

第1章 建筑设备自动化控制技术基础   1

    1.1 建筑设备自动化系统的定义与发展   1
    1.2 建筑设备自动化系统的组成与体系结构   5
    1.3 建筑设备自动化系统的功能   10
    1.4 建筑设备自动化系统的控制原理   13

第2章 建筑设备自动化系统工程中的监控设备   31

    2.1 建筑设备自动化系统常用传感器   31
    2.2 建筑设备自动化系统中的执行器   46
    2.3 建筑设备自动化系统中的控制器   59

第3章 建筑给排水系统   69

    3.1 建筑给水系统   69
    3.2 建筑排水系统   85
    3.3 建筑中水系统   102

第4章 建筑消防给水系统   **109**

    4.1 消火栓给水系统   109
    4.2 自动喷水灭火系统   116
    4.3 泡沫灭火系统   121

4.4　气体灭火系统　　　　　　　　　　　　　　　　　　122

第5章　建筑空调与集中空调系统　　　　　　　　　　　127
　　　5.1　空气调节系统分类　　　　　　　　　　　　　　127
　　　5.2　空调负荷计算与送风量　　　　　　　　　　　　133
　　　5.3　集中式空调系统　　　　　　　　　　　　　　　136
　　　5.4　半集中式空调系统　　　　　　　　　　　　　　143
　　　5.5　分散式空调系统　　　　　　　　　　　　　　　151

第6章　建筑供暖与通风系统　　　　　　　　　　　　157
　　　6.1　建筑供暖系统　　　　　　　　　　　　　　　　157
　　　6.2　建筑通风系统　　　　　　　　　　　　　　　　170
　　　6.3　建筑防烟系统　　　　　　　　　　　　　　　　179

第7章　建筑供配电系统、电气照明系统及电梯系统　　185
　　　7.1　建筑供配电系统　　　　　　　　　　　　　　　185
　　　7.2　建筑电气照明系统　　　　　　　　　　　　　　202
　　　7.3　建筑电梯系统　　　　　　　　　　　　　　　　207

第8章　智能建筑系统　　　　　　　　　　　　　　　　217
　　　8.1　智能建筑系统概述　　　　　　　　　　　　　　217
　　　8.2　智能化集成系统　　　　　　　　　　　　　　　221
　　　8.3　信息设施系统　　　　　　　　　　　　　　　　224
　　　8.4　建筑设备管理系统　　　　　　　　　　　　　　232
　　　8.5　公共安全系统　　　　　　　　　　　　　　　　234

参考文献　　　　　　　　　　　　　　　　　　　　　　237

第1章　建筑设备自动化控制技术基础

建筑设备自动化控制技术主要涵盖通过先进的传感器、控制器和执行器等技术手段，对建筑内部的各种设备（如照明、空调、通风、供水、供电等）进行实时感知、数据采集、处理及智能化控制等内容。这种技术利用传感技术实时感知建筑内外环境信息，经过数据采集与处理，基于控制策略实现对建筑设备的自动化控制，从而提高建筑的舒适性和能效性能。此外，建筑设备自动化控制技术还能实现设备的实时监控、节能控制、安全保障等功能，降低建筑运行成本，提高建筑的智能化水平。

1.1　建筑设备自动化系统的定义与发展

随着信息技术的飞速进步，电子技术、自动控制技术、计算机和网络技术，以及系统工程技术均取得了前所未有的发展，它们的影响已经深入我们生活的每一个角落，极大地改变了我们的生产、学习和生活方式，带来了前所未有的便利。同样，作为人类活动的重要场所，各类建筑也受到了这股科技浪潮的深刻影响。在这样的背景下，智能建筑应运而生，逐渐融入我们的社会。智能建筑是多种现代科技完美融合的结晶，它融合了现代建筑技术、现代通信技术、现代计算机技术和现代控制技术。

现代建筑技术为智能建筑提供了稳固的基础和支撑，而现代通信与网络技术则构成了智能建筑的"神经网络"，实现了信息的快速传递和交互。这种日益完善的智能化建筑正在深刻地改变着人们的生产和生活环境，提升了人们在建筑环境中的安全性、舒适性和便捷性。随着人们对智能建筑功能需求的不断提升，建筑设备自动化技术作为智能建筑的重要支撑技术之一，也在不断发展和完善。

1.1.1 建筑设备自动化系统的定义

建筑设备自动化系统（Building Automation System，BAS）是一个集成了建筑物内多种设备的综合系统，这些设备包括但不限于电力、照明、空调、给排水、消防、保安、广播和通信等。其核心目的是实现这些设备的集中监视、控制和管理。通过先进的计算机技术，BAS能够对这些机电系统进行自动监测、控制、调节和管理，确保它们以安全、高效、可靠和节能的方式运行，从而保障建筑物的正常运作。

1.1.2 建筑设备自动化控制技术的发展

建筑设备自动化（简称BA）是随着建筑设备，特别是暖通空调系统（涵盖供热、通风、空气调节与制冷）的日益复杂而逐渐兴起的。随着自动化技术的整体进步，BA系统也取得了一定的发展，但整体速度相对缓慢。

在20世纪70年代的"能源危机"背景下，建筑设备自动化系统开始寻求更为有效的控制策略，以减少能源消耗。进入20世纪90年代，随着国内国民经济的增长和科学技术的迅猛发展，特别是电子技术、计算机技术和自动化技术等IT技术的飞速进步，建筑设备自动化技术迎来了前所未有的发展机遇。在这一时期，该技术迅速从模拟控制方式转向数字控制方式，实现了质的飞跃。随着时间的推移，这一系统逐渐扩展，涵盖了照明、火灾报警、给排水等多个子系统，形成了集成化的计算机建筑设备自动化系统。

在最初阶段，监督控制系统（Supervisory Computer Control，SCC）主要以数据采集和操作指导控制的形式存在。那时的计算机系统并不直接参与生产过程的控制，而是负责巡回检测、收集过程参数，经过加工处理后，这些信息被用于显示、打印或发出警报。基于这些数据，操作人员可以做出相应的调整，从而实现对设备工作状态的间接控制。

直接数字控制（Direct Digital Control，DDC）在楼宇自动化系统中的应用，极大地提升了楼宇设备的运行效率，并简化了设备的运行和维护流程。在计算机网络技术的推动下，以DDC技术为基础的分布式控制系统（Distributed Control System，DCS）逐渐崭露头角。DCS系统中的工作站和分站均采用了计算机技术，形成了现代建筑设备自动化系统的核心。这种系统架构进一步提升了楼宇设备管理的智能化水平，满足了人们对建筑环境日益增长的需求。

然而，DCS（分布式控制系统）的分级控制架构及其技术、标准的封闭性，以及网络互联的局限性，促使了现场总线控制系统（Fieldbus Control System，FCS）的兴起。FCS通过采用开放的、具有互操作性的现场总线网络，将现场的控制器、仪表和设备相互连接，实现了控制功能的彻底下放。这不仅降低了安装和维修成本，还因其开放的技术和标准，使得任何人都可以使用，无须担心专利许可问题。

FCS（现场总线控制系统）通过全数字化信号传输和现场总线网络，实现了更彻底的分散控制，打破了DCS的封闭性和专用性。作为开放式的互联网络，FCS能轻松共享网络数据库资源，为"大数据"应用提供可能。随着开放系统思想和通信技术的发展，专有通信协议的自动化系统逐渐被开放协议系统取代。企业级管理日趋综合化和整体化，物业设备设施管理也趋向专业化。网络化楼宇系统整合了建筑设备自动化、通信自动化和办公自动化系统，形成了基于物联网技术的智能化建筑和建筑群。这些建筑群将提供更为便捷、高效和智能的生活环境。

1.1.3　建筑设备自动化系统的发展趋势

建筑设备自动化系统（BAS）作为智能建筑的核心部分，随着设备种类的增加逐渐成熟。从简单的电梯、锅炉等设备开始，BAS经历了四代发展。

第一代（CCMS）：20世纪70年代，BAS由仪表系统演进为计算机系统，通过总线连接信息采集站（DGP）与中央站，形成中央监控型自动化系统。

第二代（DCS）：20世纪80年代，随着微处理器技术的发展，DDC分站出现，具备强大的控制和显示功能，支持节能管理，但系统笨重、造价高。

第三代（开放式集散系统）：20世纪90年代，现场总线技术兴起，DDC分站通过现场总线连接传感器和执行器，形成分布式输入/输出现场网络层，提高了系统配置的灵活性。

第四代（网络集成系统）：进入21世纪，BAS广泛采用Web技术，与Intranet融为一体，形成多层结构，实现各层次集成。

我国自动化技术取得显著进展，如浙大中控研发的实时以太网现场总线技术国际标准EAP，标志着我国自动化技术接近世界先进水平。当前，BAS须承担的任务包括设备自动化控制、优化设备运行、降低建筑能耗，以推动绿色建筑发展。

21世纪，BAS应适应智能化需求，关键技术包括以下几个方面。

（1）Web-based Intranet网络技术。监控建筑内环境参数，实时传输至企业内部网，实现远程查询、操作。

（2）开放性控制网络技术。推动BAS向开放性网络互联方向发展，具备标准化、可移植性、可扩展性和可操作性，支持无缝集成，如BACnet和LonWorks等通信协议（图1-1）。

（3）智能卡技术。利用半导体芯片技术，提供体积小、存储容量大、安全可靠、一卡多用的解决方案。

（4）可视化技术。基于网络化的视频传输和多媒体服务，提供直观、生动的信息展示和交互方式。

（5）家庭智能化技术。实现家庭内通信、家电和安保设备的集中或异地监控与管理，提升生活智能化水平。

（6）无线电局域网技术。摆脱线缆束缚，提供灵活、便捷的通信方式。

（7）VSAT（数据卫星通信技术）。引入通信卫星技术，实现远距离、大容量数据传输，支持智能建筑的全球连接和信息共享。

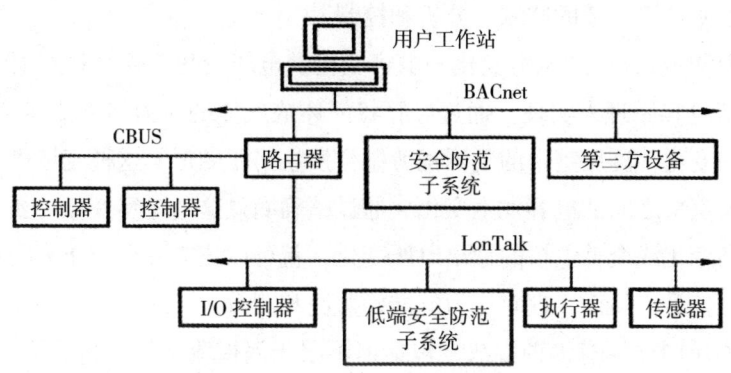

图1-1　BACnet和LonWorks的组合方案

1.2　建筑设备自动化系统的组成与体系结构

1.2.1　建筑设备自动化系统的组成

建筑设备自动化系统的核心作用是实现建筑物内设备的自动化运行与管理，形成集集中操作、管理和分散控制于一体的综合自动化系统。其目标是全面、有效地监控设备，提供安全、舒适的生活环境，实现高效节能和快速响应。

1.2.1.1 测量机构

传感器或测量变送器是关键的装置,它们的核心功能是将各种非电信号物理量(如压力、流量、成分、温度、pH、电流、电压和功率等)转化为电信号,以便进行后续的监测、分析和控制。

以压力测量为例,"压力变化→电容变化→电压变化"这一过程通常利用压敏或变电容原理来实现。通过导管将液体或气体的压力引入测压室内。随着压力的变化,测压室中的不锈钢薄壁会发生挤压变形。这种变形进而引起两个金属室壁之间的电容发生变化。通过精确测量这一电容变化,如振荡电路的频率变化或全臂电桥的输出电压变化,就可以建立一个与压力变化紧密相关的电信号,从而实现对压力的准确监测和测量。

流量测量同样拥有多种方法,包括但不限于涡街流量计、转子流量计、孔板流量计和电磁流量计等。其中,电磁流量计是专门用于测量带有导电物质的流体(如自来水)的仪器。

根据霍尔效应,电荷的汇聚数量与流体的运动速度之间呈线性关系。因此,电极间的电压变化也就与流体的速度呈线性关系。通过测量这一电压变化,就可以准确地计算出流体的流量,即流速变化→电荷变化→电压变化。

随着科技的飞速发展,现代测量技术已经融入了总线技术。以低成本的单片机为例,通过结合感应元器件和通信线,可以轻松地构建出一个智能测量机构,它能够感知并测量一个房间的温湿度值。这个智能测量机构进一步利用RS485总线技术,将采集到的数据高效、准确地传输给上级计算机系统或控制器,实现了数据的实时共享与监控。

1.2.1.2 控制器

控制器作为实现控制系统自动化和智能化的核心组件,在过去的30年里,国内控制器技术取得了显著的进步。这一进步历程涵盖了从早期的动圈仪表到集成电路控制器的应用,再到STD工控机、智能仪表的普及,以及分布式控制系统(DCS)、组态软件控制系统和可编程序控制器(PLC)控制系统的兴起。而如今,现场总线控制系统(FCS)已经广泛应用于各种场景,彻底改变了DCS传统笨重的大柜子形象。

FCS通过采用先进的总线技术，极大地简化了信号输入输出和布线需求。传统的DCS系统中那些笨重的大柜子被轻便的DDC控制器所取代，这些控制器重量不到1kg，可以轻松地安装在最接近被控设备的地方。同时，传感器和执行机构之间的连接也变得更加简单，仅须通过简单的总线连接即可实现数据传输。

在软件方面，二次开发平台也变得越来越人性化，图形化开发已经成为主流。这使得设计者和使用者能够更加灵活地构建和配置控制系统，实现更高效、更智能的自动化管理。

随着无线技术的快速发展，自动化控制技术也迎来了新的机遇。WiFi技术的日益成熟和广泛应用，为控制系统中的无线数据传输提供了可能。例如，霍尼韦尔（HONEYWELL）公司展示的ZIC-BEE产品，在恶劣环境下仍能在1000m距离内可靠传输数据，且配置的纽扣电池使用寿命长达3年以上。因此，无线数据传输在控制系统中的广泛应用，无疑将进一步提升控制系统的灵活性和便利性。

1.2.1.3 执行机构

控制系统在接收到传感器发送的信号后，会利用其强大的运算能力对数据进行处理，并根据处理结果向调节系统发出指令，以实现对被控参数的精确调节。执行这一调节任务的关键部件是执行机构，它们种类繁多，功能各异。

以阀门执行机构为例，当系统给其发送一个5V的信号时，执行机构会立即响应，驱动阀门改变其开度。同时，一个铁心也会同步移动，导致线圈中的不平衡电压发生变化。一旦这个不平衡电压也达到5V，电动机就会停止动作，标志着阀门已经准确地移动到了与5V信号相对应的位置。这一过程体现了执行机构高精度、高效率的调节能力，是实现控制系统自动化和智能化的重要保障。

1.2.2 建筑设备自动化系统的体系结构

按控制方式分类,目前主要有分布式控制系统和现场总线控制系统两种形式。

1.2.2.1 分布式控制系统

分布式控制系统(DCS)自20世纪70年代起便成为生产过程自动控制的关键技术,至今已有超过20年的应用历史。DCS通过将复杂的控制对象分解为多个子对象,由现场控制级进行局部精细控制。中控室作为整个系统的核心,负责数据的存储与调用,向下与现场控制器相连,向上提供历史和趋势数据。

DCS系统的平均无故障时间可达5×10^5小时,其高可靠性的关键在于采用了冗余技术和容错技术。许多DCS的核心部件都采用了这些技术,以及"看门狗"技术,以确保系统的稳定运行。DCS的模块化结构使得系统的配置与扩展变得十分便捷,展现了良好的可扩展性。

1.2.2.2 现场总线控制系统

(1)现场总线的含义。现场总线是国际电工委员会定义的一种数字式、双向传输、多分支结构的通信网络,专为连接智能现场设备和自动化系统而设计,实现现场设备间的直接通信,支持不同制造商设备的互操作性,具有分散功能块、通信线供电和开放式互连特性,为过程自动化和制造自动化提供高效、灵活和安全的解决方案。

(2)网络拓扑结构。网络拓扑结构在当前的现场总线系统中表现出极高的灵活性,其中最为常见的是手拉手的连接方式。这种H1低速现场总线拓扑结构示意图直观地展示了这种连接方式。

基金会现场总线(Fieldbus Foundation,FF)则通过网桥技术,将不同速率、不同类型媒体的网段有效地连接成一个整体网络。网桥拥有多个接口,每个接口都配备有相应的物理层实体,确保了数据传输的高效与稳定。

（3）建筑设备自动化系统中常用的现场总线。自20世纪80年代以来，随着技术的不断发展，多种现场总线标准逐渐形成，并在建筑设备自动化系统中得到广泛应用。这些标准主要包括控制局域网、局部操作网、过程现场总线和可寻址远程传感器数据通信协议等。

①LonWorks总线：作为美国埃施朗（Echelon）公司1991年推出的现场总线技术，LonWorks总线（又称局域操作网）凭借其独特的神经元芯片技术，实现了通信与控制功能的完美融合。该神经元芯片集成了OSI参考模型全部的七层协议，包括介质访问处理器、应用处理器和网络处理器，确保了节点间的对等通信。LonWorks总线支持多种物理介质和拓扑结构，通信速率从300bit/s到1.5M/s不等，适用于建筑自动化和工业控制等多个领域。

②CAN总线：德国博世（Bosch）公司推出的CAN（Controller Area Network）总线技术，它基于OSI参考模型的部分层次，重点优化了实时性能。CAN总线采用载波监听多路访问/冲突检测机制，支持多种节点类型和通信模式，具有强大的抗干扰能力和高可靠性。其灵活的组网方式和广泛的应用范围，使CAN总线在建筑自动化和工业现场测控领域得到了广泛的推广和应用。

③EIB总线：是指欧洲安装总线（Electrical Installation Bus），EIB总线在亚洲又被称为电气安装总线。EIB总线通过单一多芯电缆实现了控制电缆和电力电缆的集成，支持线形、树形或星形等多种铺设方式，方便扩容与改装。其元件的智能化和可编程性使得系统功能丰富且易于定制。EIB系统的开放性和兼容性也为不同厂商产品的集成提供了可能，使得系统管理和控制更加便捷和高效。

1.2.2.3　现场总线分布式控制系统

在建筑自动化系统中，大型企业级应用面临的一大挑战是传感器和执行器数量的剧增，可能高达数千个。为了应对这一挑战，减少总线数量并统一到一种总线或网络上变得至关重要。这不仅简化了布线复杂性，节省了宝贵的空间，降低了成本，还极大地提升了系统维护的便捷性。

与此同时，许多现代企业已经建立了基于TCP/IP协议的Intranet（企业内部网），这为数据采集和信息传输提供了强有力的支持。利用Intranet/Internet平台，工业测控数据可以实时动态地发布和共享，技术人员和管理人员能够实时了解建筑设备的运行状况。这种将测控网和企业内部网紧密结合的方式，为企业提供了一个统一、高效的信息网络平台，既降低了成本，又提升了管理和维护效率。

近年来，一些国际知名企业如霍尼韦尔推出了开放性和全集成的控制系统。这些系统采用Web技术，能够持续监测并收集建筑物内的温度、湿度、空气洁净度、给排水和照明等信息，并通过Intranet将这些信息实时传输至企业内部网。用户可以通过访问企业网中的建筑自动化系统界面，远程查询和调用这些数据，对设备进行参数设定和远程控制。这种基于企业网Intranet的建筑自动化系统，被称为企业建筑物集成系统，它极大地提升了建筑管理的智能化水平。

企业建筑物集成系统采用了高级操作系统、TCP/IP和Active X技术，并通过Intranet/Internet通信网关实现与外部网络的连接。直接数字控制器（DDC）的输入/输出模块被移至外部，通过LON现场总线直接连接至设备现场，形成了分布式I/O网络层（LION），进一步增强了系统的灵活性和开放性。

此外，为了推动不同厂商生产的设备与系统的无缝集成，世界各地广泛采用了由美国采暖、制冷与空调工程师学会（ASHRAE）制定的《建筑物自动控制网络数据通信协议》（简称《BACnet数据通信协议》）。这一协议的广泛应用，为实现建筑设备自动化系统的标准化和互操作性奠定了坚实基础。

1.3　建筑设备自动化系统的功能

建筑设备自动化系统（BAS）在智能建筑领域扮演着至关重要的角色，其功能涵盖了多个方面。建筑设备自动化系统通过其全面的功能和先进的技术，为智能建筑的高效运行、节能降耗、安全舒适等方面提供了有力保障。

1.3.1 设备的监控与管理

（1）实时监控。全面掌握设备状态。建筑设备自动化系统（BAS）的首要功能便是实时监控。该系统能够不间断地监测建筑内各种关键设备的运行状态，包括但不限于电力系统、照明系统、空调系统、给排水系统、消防系统以及安保系统等。

（2）运行控制。精确调节，优化性能。BAS系统不仅具备强大的监控能力，更能够对设备进行精确的运行控制。系统能够根据预设的参数和算法，对设备进行启停控制、运行调节等操作。通过精确的控制，BAS系统能够确保设备处于最佳工作状态，提高设备的运行效率。

（3）后期维护。数据驱动，预见性维护。BAS系统的另一个重要功能是后期维护。通过长时间的数据积累和分析，系统能够发现设备的潜在问题，并为设备的维护和保养提供指导。此外，BAS系统还可以对设备进行远程监控和维护，提高维护效率。

1.3.2 节能控制

（1）智能调节。智慧节能新途径。建筑设备自动化系统（BAS）具备出色的智能调节功能。它可以根据室内环境的实时变化，如光线强弱、温度高低等，智能地调节照明和空调等设备的运行参数。这种智能调节不仅提高了设备的运行效率，还显著降低了能耗，为建筑节能减排作出了积极贡献。

（2）最大化利用。资源优化，降低成本。BAS系统不仅在智能调节方面表现出色，更通过整体调控设备的运行，实现了资源的最大化利用。在保证室内环境舒适的前提下，系统根据实际需求和能源供应情况，对设备进行整体优化和调度。通过这种整体调控，BAS系统实现了设备的最大化利用，降低了能耗和运行费用，为建筑带来了实实在在的经济效益。

1.3.3 提高设备运行安全性

（1）故障预警。及时发现潜在问题。建筑设备自动化系统（BAS）在保障建筑设备稳定运行方面发挥着重要作用。BAS系统通过实时监测设备的运行状态，能够迅速发现设备潜在的故障或异常情况，并在第一时间发出预警。

（2）快速响应。保障设备运行安全。一旦BAS系统检测到设备故障或异常情况，它会立即启动快速响应机制。系统会发出清晰的警报，通过声、光、文字等多种形式提醒管理人员或相关人员注意。

1.3.4 智能控制

（1）智能温湿度控制。打造舒适宜人的室内环境。在现代建筑管理中，智能温湿度控制已经成为提升居住与工作环境舒适度的重要手段。BAS系统通过集成智能温湿度控制设备，能够实时监测并分析室内的温度和湿度数据。当室内环境发生变化时，系统会根据预设的舒适参数，自动调节空调、加湿器等设备的运行状态，以保持室内环境的恒温和恒湿。

（2）智能安防监控。守护建筑安全，实现实时预警。随着科技的发展，智能安防监控已经成为保障建筑安全的重要手段。BAS系统通过集成智能安防监控设备，能够实时监控建筑内的安全情况，包括入侵检测、火灾预警、视频监控等多个方面。这些智能安防监控设备具备高度的自动化和智能化特点。它们能够通过智能分析和判断，识别出异常情况并立即触发报警机制。

1.4 建筑设备自动化系统的控制原理

建筑设备自动化系统（BAS）作为智能建筑的核心组成部分，通过运用先进的4C技术，对建筑物内的各种设备（包括暖通空调、给水排水、照明和电梯等）进行集中监控和智能化管理。这一系统确保了智能建筑的高效运行，是智能建筑中不可或缺的基础系统。

1.4.1 计算机控制技术

计算机控制技术不仅保证了设备性能指标符合工艺要求，而且具有极高的性价比。因此，只有在建筑设备中采用计算机控制技术，我们才能创造一个既安全、高效又舒适、便捷的建筑环境。

1.4.1.1 计算机控制系统的基本原理

计算机控制系统通常包含计算机、D-A（数字到模拟）转换器、执行器、被控对象、测量变送器和A-D（模拟到数字）转换器，构成了一个闭环负反馈系统，如图1-2所示。

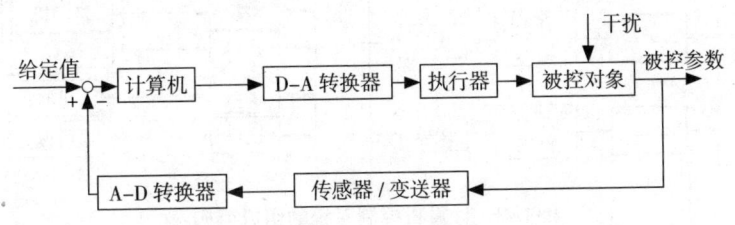

图1-2 计算机控制系统的基本流程

在计算机控制系统的操作过程中，这一过程包括以下关键步骤。

①数据采集。实时对被控参数进行检测，并将其转化为标准信号输入计算机中。

②控制计算。计算机对采集的数据进行分析，计算偏差，并根据预先设定的控制算法进行运算，然后发出相应的控制指令。这些控制指令将转化为调节过程，直接施加于被控对象。

③循环控制。上述过程不断循环进行，确保被控参数能够持续按照指定的规律变化，以满足设计要求。

④实时监控与报警。系统同时实时监控被控参数的变化范围和设备的运行状态。一旦发现参数超出预设范围或设备出现异常情况，系统将立即启动声光报警，并快速采取应急措施进行干预，以防止事故的发生或扩大。

通过这种闭环负反馈控制机制，计算机控制系统能够实现精确、高效和可靠的自动控制，为现代建筑和其他领域提供强大的技术支持。

1.4.1.2　计算机控制系统的组成

为了完成实时监控任务，一个典型的计算机控制系统包含硬件和软件两部分，整体架构如图1-3所示。

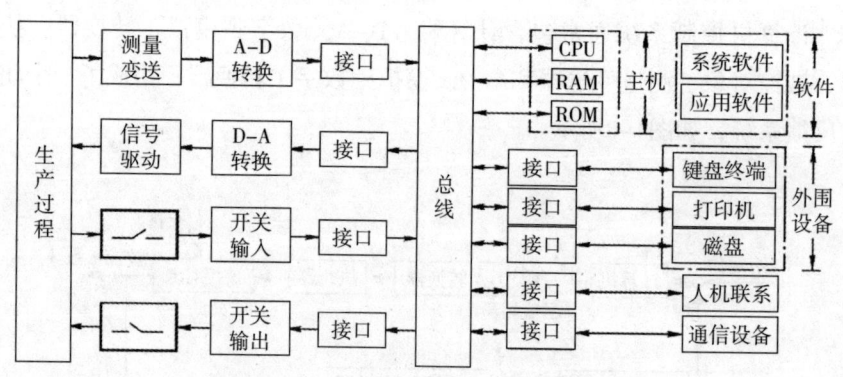

图1-3　计算机控制系统的组成架构

（1）硬件部分。主机是计算机控制系统的核心，负责检测被控参数、执行控制运算、数据处理和报警处理，并向现场设备发送控制命令。外围设备如输入（如键盘、鼠标）、输出（如显示器、打印机）和外存储器（如磁盘驱动器）是主机与外部交互的桥梁。人机联系设备（HMI）通过人机界面（如键盘、显示器、操作面板等）实现操作员与计算机之间的信息交流。这些设备不仅显示状态和操作结果，还提供交互界面，使操作员能直观了解系统状态并控制计算机执行操作。

①模拟量输入通道（AI）主要由I/V变换器、多路选择器、采样保持器和A-D转换器组成（图1-4）。I/V变换器将电流信号转为电压信号；多路选择器选择信号；采样保持器采样连续信号；A-D转换器将模拟信号转为数字信号。A-D转换器的主要技术指标包括转换时间、分辨率、线性误差和输入量程。采样频率需要满足香农采样定理（图1-5）。

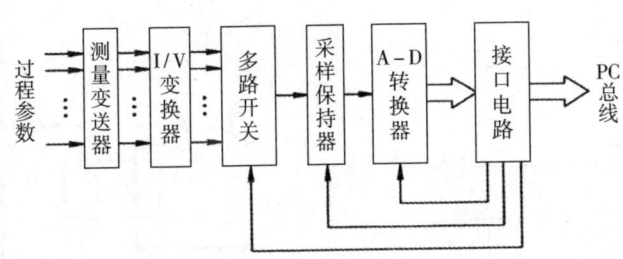

图1-4 模拟量输入通道的组成

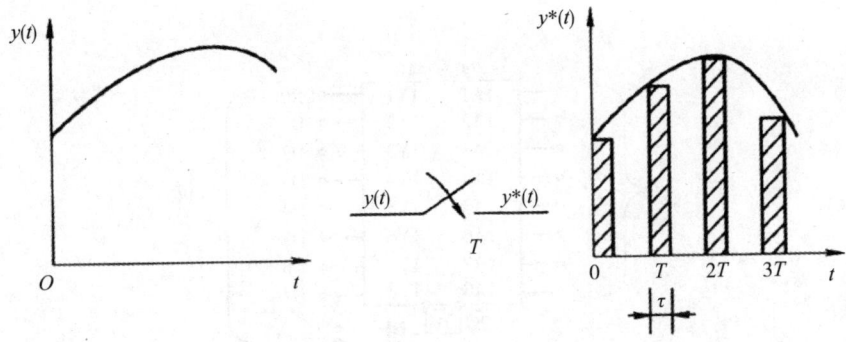

图1-5 模拟信号的采样过程

②数字量输入通道（DI）用于采集二进制逻辑信号，反映生产过程或设备状态（图1-6）。它由输入调理电路、输入缓冲器和地址译码器组成。调理电路保护、滤波信号（图1-7）；缓冲器暂存和传输状态信息；地址译码器确定内存地址。使用三态门74LS244等缓冲器，并通过指令如MOV DX，port和IN AL，DX来读取状态信息（图1-8）。

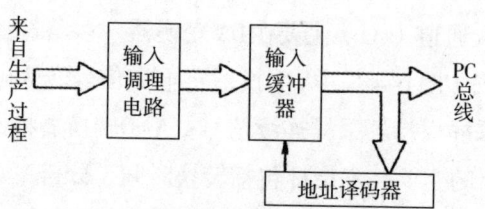

图1-6 数字量输入通道的组成结构

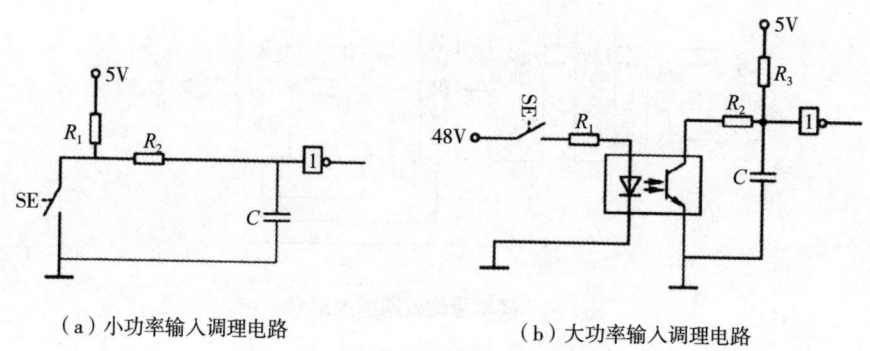

（a）小功率输入调理电路　　　　（b）大功率输入调理电路

图1-7 输入调理电路的结构形式

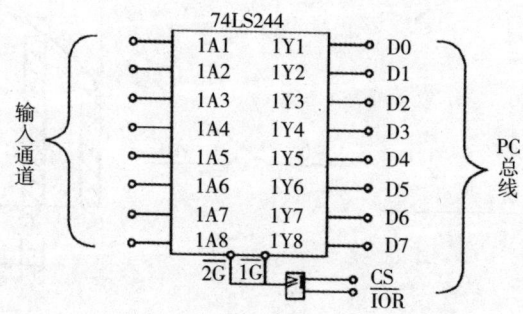

图1-8 数字量输入接口

③模拟量输出通道（AO）是计算机控制系统实现连续控制的关键，由接口电路、D-A转换器、输出保持器和V/I转换器等组成（图1-9）。D-A转换器将数字信号转为模拟信号，主要技术指标包括分辨率、建立时间等。V/I转换器将电压信号转为电流信号，以驱动执行器。

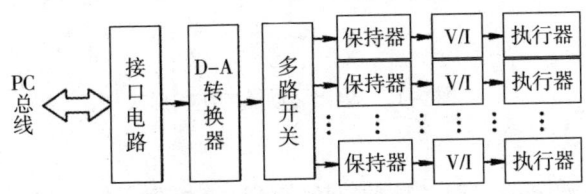

图1-9　模拟量输出通道的组成结构

④数字量输出通道（DO）是断续控制的核心，由输出寄存器、地址译码器和输出驱动器等组成（图1-10）。输出寄存器如74LS273等，确保输出状态的稳定（图1-11）。地址译码器通过端口地址译码生成片选信号。输出驱动器放大计算机输出的信号以满足外部设备要求（图1-12）。AO和DO统称为后向通道，负责将计算机处理结果传递给外部设备，实现对生产过程或设备的控制。

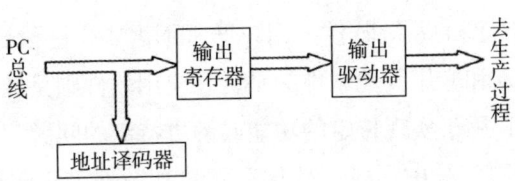

图1-10　数字量输出通道的组成结构

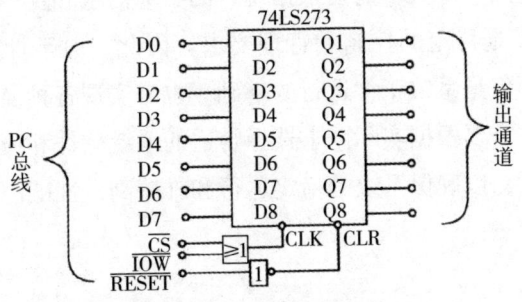

图1-11　数字量输出接口

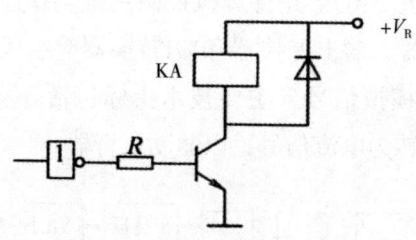

图1-12 输出驱动器的结构形式

（2）软件部分，实现各种功能所需的计算机程序的总和。软件通常被分为两大类别：系统软件和应用软件。从编程语言的角度来看，软件可以分为机器语言、汇编语言和高级语言。机器语言是由计算机硬件直接理解和执行的指令集；汇编语言则是一种将机器语言指令转换为人类可读的助记符形式的低级编程语言；而高级语言则提供了更为抽象和易于理解的编程方式，通过编译器或解释器转化为机器语言执行。

按照功能划分，软件可以进一步细分为系统软件、应用软件和数据库等。系统软件是计算机的基本软件，通常由计算机制造商提供，用于管理计算机硬件资源、提供基本服务和支持其他软件运行。例如，Windows和Linux等操作系统就是典型的系统软件。用户通常不需要自己设计这些系统软件，而是将其作为开发和应用其他软件的平台。应用软件则是针对特定任务或需求而开发的程序，用于实现特定的功能或解决特定的问题。

在计算机控制系统中，应用软件通常包括数据采样程序、数字滤波程序、A/D和D/A转换程序、PID控制算法程序、键盘处理程序以及显示/记录程序等。这些应用软件大多需要根据用户的实际需求和控制系统的特性进行定制开发，以满足特定的控制和管理要求。因此，对于计算机控制系统而言，软件部分不仅是系统正常运行的基础，也是实现各种复杂控制和管理功能的关键。用户需要根据实际需求选择合适的系统软件和应用软件，并进行必要的定制开发，以确保系统的稳定运行和维持高效性能。

1.4.1.3 计算机控制系统的分类

计算机控制系统的类型直接取决于其所控制的生产对象和特定的工艺要求。不同的被控对象和工艺性能指标需要不同类型的计算机控制系统来适应和满足其特定的控制需求。

（1）操作指导控制系统。它属于计算机控制系统的一种，采集和处理系统过程参数，并将反映生产过程状态的数据信息展示给操作人员，但不直接发送控制信号给生产对象。该系统采用开环控制结构，结合自动检测和人工调节，适用于数学模型不明确或新系统试验阶段，但效率较低且不能同时控制多个对象（图1-13）。

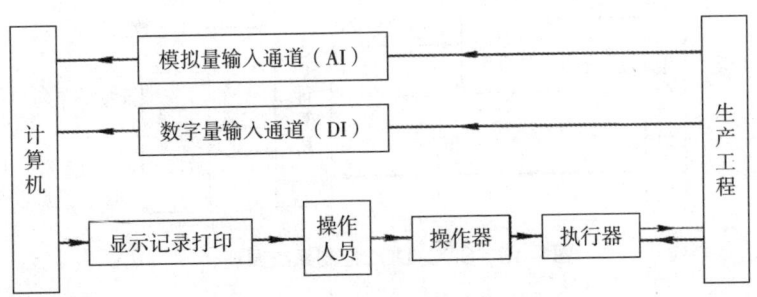

图1-13 操作指导控制系统原理

（2）直接数字控制系统（DDC）。通过计算机实时采集多个参数，运用预设控制算法处理数据，并直接输出调节指令至执行机构，实现对生产过程的连续调节，确保被控参数符合工艺要求。其工作原理如图1-14所示。

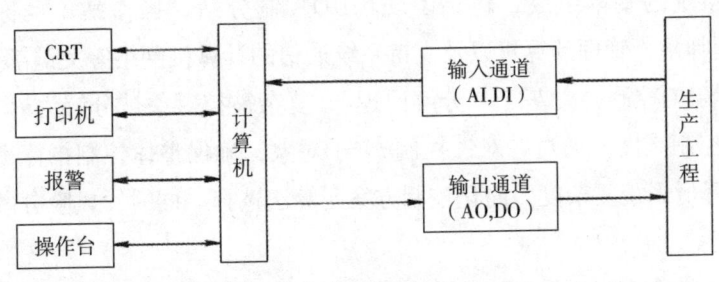

图1-14 DDC控制系统原理

（3）计算机监控系统（SCC）。采用两级计算机模式，通过数学模型和实时参数信息计算最佳设定值，并发送给DDC或模拟控制器。这些控制器基于实时数据按预定算法运算，输出调节指令至执行机构，实现连续调节，优化生产工况，如提高效率和降低成本。SCC系统不仅实现定值调节，还具备高级控制功能，贴近生产实际。

SCC系统的结构形式主要包括两种：一种是SCC与DDC的联合控制系统；另一种是SCC与模拟调节器的联合控制系统。SCC与DDC联合控制系统的原理如图1-15所示，这种结构能够充分发挥计算机在数据处理和控制算法执行方面的优势，实现对生产过程的高效监控和控制。

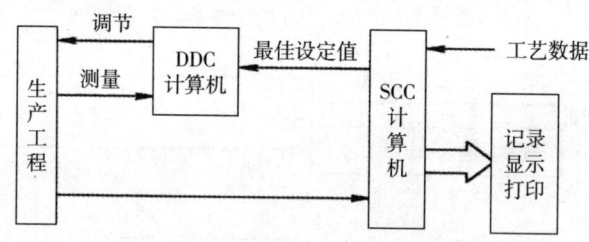

图1-15　SCC+DDC控制系统原理

（4）分布式控制系统（DCS）。遵循分散控制、集中操作等原则，将系统分为现场控制层、监控层和管理层，通过分级递阶结构实现高级管理、控制、协调功能。同级计算机功能平等，承担不同任务，通过上一层管理和同级间通信协调，显著提升系统处理能力，分散风险，满足控制系统在实用性、可靠性和协调性上的要求（图1-16）。

DCS系统的基本组成，包括了现场I/O控制分站、操作站（也称中央站）、工程师站、管理计算机以及支持系统通信的计算机网络等关键部分。

①现场I/O控制站。基于"分解原理"，复杂被控对象被分解为n个子对象，简化控制难度。通过针对性控制n个子对象，确保整体控制指标满足工艺要求，降低系统复杂度，简化控制方案与算法选择。同时，风险分散提升系统可靠性。

现场I/O控制站（n个，取决于被控对象复杂程度）由核心组件构成，执行分散控制任务。它们实时采集、处理、存储并更新生产参数，传输至操作员站、工程师站等实现全系统控制、监督和管理，接收指令修改参数设定和人工调控，保障生产稳定性和高效性。

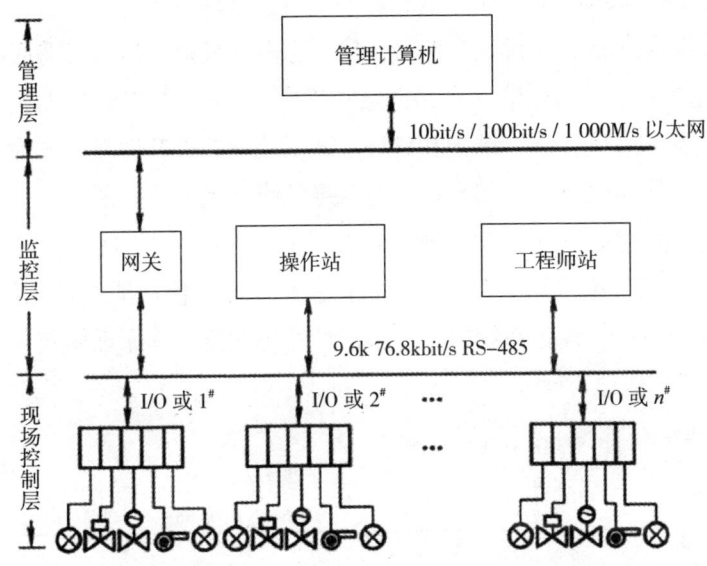

图1-16　DCS控制系统原理

②操作员站。操作员站是由工业微机、键盘、鼠标器等组成的网络节点，以实现人机界面交互。它汇总报表、图形显示，让操作人员实时掌握现场工况、运行参数及异常情况。操作员站允许精确调控生产过程，确保安全、高效、节能。除人机界面功能外，还能生成历史趋势曲线和运行报表，支持多种报表划分和打印输出。即使中央站停止，分站功能不受影响，但可能暂时中断局部网络通信控制。

③工程师站。工程师站是DCS的关键部分，负责离线系统配置、组态及在线监控和网络节点维护。系统工程师通过其调整DCS配置和参数，确保系统保持最佳工作状态。

④DCS的通信网络。DCS基于计算机网络，包含现场I/O控制站、操作站和工程师站，节点间通过网络平等通信。这些节点具备独立CPU和网络接

口，实现资源共享、信息集中、控制分散和可靠性提高。DCS网络具有出色的扩充性，满足系统升级需求，且通信网络对实时性、安全性有高要求。星形结构虽实时性好但有瓶颈，故总线型和环形结构更常用。节点间通信采用令牌控制，确保实时性和确定性，满足DCS分散控制需求。

（5）现场总线控制系统（FCS）。FCS通过全数字化、半双工、串行双向通信连接智能仪表，实现数字信号传输。它取代模拟信号，支持底层仪表与上层系统实时、双向通信。自20世纪80年代起，FCS技术满足工业自动化发展需求，简化系统安装、维护和管理，降低成本并提升性能，成为全球工业自动化热点技术之一，近年来在工业数据总线领域迅速发展。

①FCS的基本组成。FCS由多个组成部分构成，包括现场智能节点（这些节点是具备数据采集、运算、执行控制指令和通信功能的智能仪表）、管理计算机以及一个满足系统通信需求的计算机网络。其原理如图1-17所示。

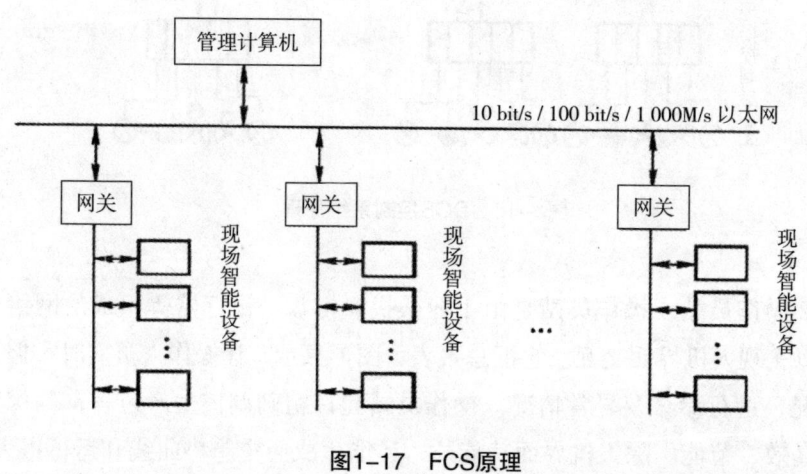

图1-17　FCS原理

在FCS中，现场智能节点共享总线，减少线缆，实现双向数字通信，优于传统点对点连接。FCS采用总线拓扑结构，含主站和从站。主站通过Token-bus控制介质访问，令牌逻辑环传，从站不直接持令牌。系统用MS/TP方式确保通信高效有序。

②FCS的特点。FCS相较于DCS，优势显著：采用现场总线技术，实现全数字化信号传输，增强抗干扰能力和精度；简化系统接线，降低投资/安

装费用，便于维护；支持不同制造商设备互连，实现"即插即用"；分散系统结构提高可靠性、灵活性和自治性；开放互联网络便于集成不同通信网络；支持通信线供电，节省电源、降低功耗，提升效率和安全性。

（6）建筑物自动化系统的现场总线。随着现场总线技术在工业自动化领域的广泛应用，几种流行的现场总线技术因其显著优势在特定领域产生较大影响。这些包括基金会现场总线，基于ISO/OSI模型，支持总线供电和多种物理介质；局部操作网络（LonWorks），采用全七层OSI协议，适用于楼宇和工业控制；过程现场总线（PROFIBUS），符合德国和欧洲标准，支持多种通信方式和应用领域；控制局域网络（CAN），源自汽车内部网络，具备自动关闭和高优先级仲裁技术；以及可寻址远程传感器高速通道（HART），作为模拟/数字信号混用的过渡产品，采用叠加的双频信号进行数字通信。这些总线技术通过减少线缆、实现双向数字通信和提供高效通信方式，满足了工业自动化领域的多样化需求。

（7）计算机集成制造系统。计算机集成制造系统（Computer Integrated Manufacturing System，CIMS）不仅专注于过程控制和优化的职责，而且基于所收集的生产过程信息，负责整个生产流程的综合管理、协调调度以及经营决策。这一系统确保了生产过程的顺畅运行，从微观的控制优化到宏观的管理决策，均得到高效的整合与协调。如图1-18所示，CIMS展示了其强大的集成能力和全面的管理功能。

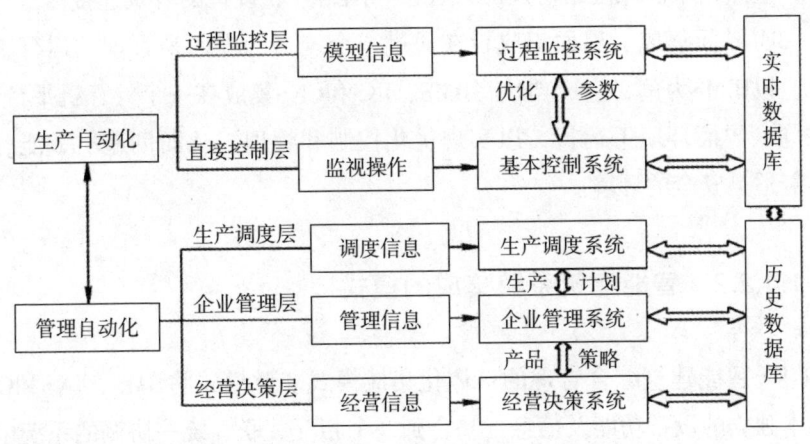

图1-18　CIMS系统原理

1.4.2 智能建筑系统集成

1.4.2.1 智能建筑系统集成的内容

智能建筑通过系统集成，运用计算机网络技术将不同功能的子系统在物理、逻辑和功能层面连接，形成统一系统，以满足信息综合处理、资源共享和任务高效重组的需求。集成内容涵盖功能、网络和界面等多个方面，提供高效、便捷和智能化的服务。

（1）功能集成。建筑集成管理系统IBMS管理层的功能集成，涉及多个关键功能，包括集中监控和管理功能，确保对整个智能建筑系统的全面掌控；信息综合管理功能，实现信息的统一收集、处理和分析；全局事件管理功能，用于迅速响应和处理建筑内的各类事件；以及公共通信网络管理功能，保证建筑内通信网络的顺畅运行和安全性。智能化子系统的功能集成，涵盖了智能网络系统（INS）、通信网络系统（CNS）和建筑设备管理系统（BMS）等各个子系统的功能集成。通过这些子系统的有机结合，实现智能化建筑的全面升级和优化，为用户提供更为便捷、高效和舒适的使用体验。

（2）网络集成。网络集成涉及通信设备及线路与网络设备及线路的协调融合，重点在于确保网络协议的兼容性和网络互联设备的有效连接。

（3）界面集成。界面集成旨在通过一个统一的界面来管理和运行整个系统。以IBMS为例，它成功地将BMS、INS和CNS集成在一个计算机平台上，并在同一界面环境下运行，以实现优化控制和管理，从而创造出节能、高效、舒适且安全的环境。

1.4.2.2 智能建筑系统集成的模式

（1）智能建筑综合管理的一体化集成模式。此模式将BMS、INS和CNS等原本独立的设备功能及信息，整合到一个相互关联、统一协调的系统中。

（2）以BMS、INS为主，面向物业管理的集成模式。此模式侧重于BMS

和INS的集成，同时加入智能一卡通系统等，以实现BMS和INS的紧密融合。

（3）BMS集成模式。在基于狭义BAS（楼宇自动化系统）的平台上，BMS（楼宇管理系统）实现了与FAS（火灾自动报警系统）和SAS（安全自动化系统）的集成。这种集成模式以BAS为核心，各个子系统均运行在BAS的中央监控机上，确保各自功能的实现。

BMS的集成方式多样，主要包括三种形式：通过确保各子系统之间的网络协议（通信协议）保持一致，实现无缝对接；以BAS为主导，允许其他系统采用不同的通信协议，即支持第三方系统的集成；利用OPC（OLE for Process Control）互联软件技术，进一步拓宽了BMS与其他系统的互操作性。这些集成方式共同作用于楼宇管理系统，提高了整体系统的协调性和运行效率。

（4）子系统集成。子系统集成是指对INS、CNS及BAS三个子系统设备的各自集成，这是实现更高层次集成的基础。它涵盖了INS、CNS和BAS的集成，确保这些子系统在各自领域内能够高效、稳定地运行。

1.4.3　智能建筑的综合布线技术

信息技术，作为一门工程技术，运用信息科学的原理和方法，深入探索信息的全生命周期，包括其产生、获取、传输、存储、处理、显示以及实际应用。而综合布线技术，作为信息技术中专注于信息传输的关键分支，旨在将建筑物内的所有电信、图文、数据、多媒体设备等所需的布线整合到一套标准化的布线系统上，从而确保各种信息系统之间的兼容性、共享性和互操作性。

综合布线系统如图1-19和图1-20所示，由4个关键子系统组成：建筑群主干布线子系统、建筑物主干布线子系统、水平布线子系统以及工作区布线子系统。

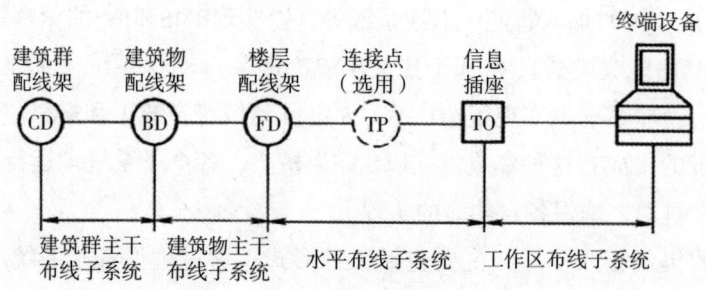

图1-19 综合布线系统

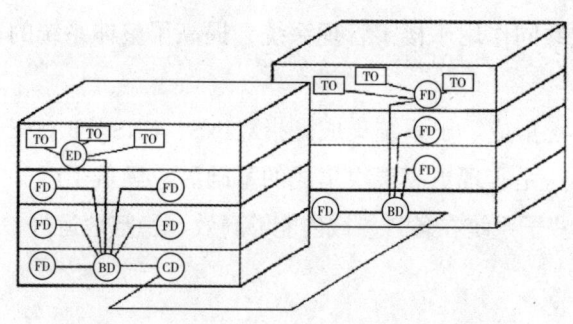

图1-20 建筑群与建筑综合布线系统结构

综合布线系统的应用范围广泛,既适用于单栋建筑(如建筑大厦),也适用于由多栋建筑组成的建筑群小区(如住宅小区、校园等)。为了满足各楼宇内部的信息传输需求,下面的案例采用网络综合布线技术,以建设高效稳定的楼宇内局域网。

在网络规划与设计过程中,特别强调整个网络的先进性和可扩展性。这一设计理念旨在确保校园网不仅能够满足当前的教学和管理需求,还能轻松应对未来的技术发展和扩容挑战。随着校园内网络应用需求的不断增长,各楼宇局域网将能够无缝扩容,并与计算中心实现高效互联,从而形成一张高效、安全、智能的整体校园网。

(1)设计范围、目标和布线要求。学校的网络管理中心坐落于实验大楼的第五层,目前需要将实验大楼、图书馆大楼、教学楼、办公楼、教工宿舍以及学生宿舍等各个楼宇通过校园网连接起来。为了实现这一目标,学校计划采用网络综合布线技术来构建各楼宇内的局域网。

对于校园网的综合布线系统（GCS）设计，具有以下明确的目标：

GCS将采用国际标准推荐的星形拓扑结构，并严格遵守ISO/IEC 11801标准，以确保当前和未来信息传输的顺畅与高效。

GCS的信息出口将统一使用国际标准的RJ45插座，以满足传输速率至少达到100Mbit/s的需求，并考虑未来的增长潜力。

GCS将遵循开放式原则，确保与综合业务数字网（ISDN）的兼容性，以实现与不同网络设备和系统的无缝对接。

校园网的核心计算机主机房同样位于实验大楼的第五层。为了连接校园内的5幢主要建筑物，我们将采用主干光纤（多模光纤）作为主要的传输媒介。而在各个建筑物内部，我们将采用5类4对UTP电缆（线径为0.5mm，传输速率为100M/s的实心铜导线）进行布线。这样既能确保高速稳定的数据传输，又能为未来的网络扩展提供足够的带宽和灵活性。

GCS的详细结构示意如图1-21所示，展示了整个校园网的布线布局和连接方式。

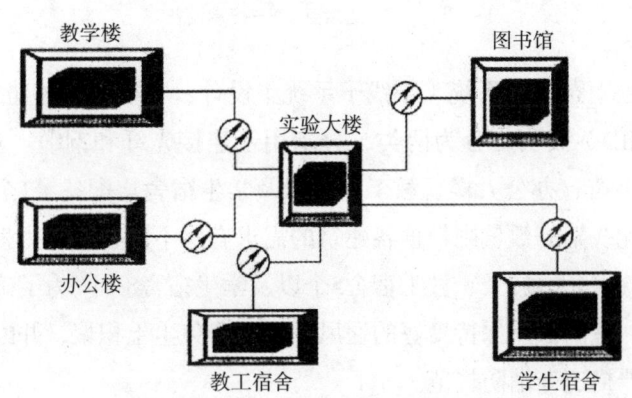

图1-21　某校园网GCS结构示意

（2）布线系统设计。系统设计主要包括以下4个关键部分。

工作区布线子系统设计：校园网内各大楼的工作区信息接点均统一选择采用RJ45接口的单孔形式。在数量统计上，实验大楼每层设有20个信息接点，共5层，总计100点；教学楼每层设有15个信息接点，共6层，总计90点；图书馆在1层、2层、3层每层设有20个信息接点，而在4层设有10个，总计70点；办公大楼每层设有10个信息接点，共4层，总计40点；另外，教工宿舍和学生宿舍则分别配置了120点和520点的信息接点。

水平布线子系统设计：在校园网的布线设计中，传输媒体统一采用了5类4对UTP电缆。为了确保信号传输的稳定性和质量，参照各楼宇的楼层平面图，精心规划了线缆的敷设路径，确保所有线缆的长度均不超过90m。具体的连接线路布局已详细绘制在图1-22中。

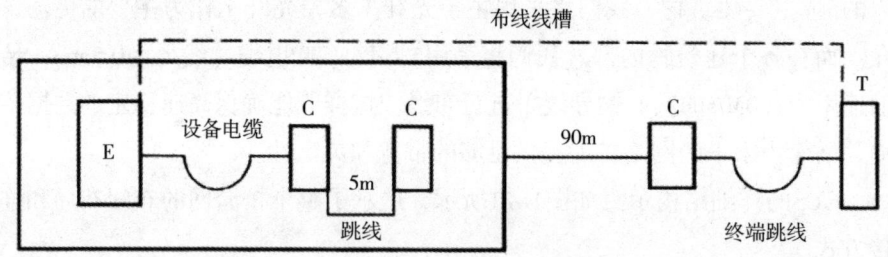

图1-22　水平布线子系统连接线路

E—设备　C—连接点　T—终端设备

建筑物主干布线子系统（干线子系统）设计：在校园网的建筑物内部，配线设备（BD）被明确分为两类，分别用于连接光纤和铜缆。具体来说，教学楼、图书馆、办公大楼、教工宿舍以及学生宿舍均配备了1个光纤配线架，而铜缆配线架的数量则根据各建筑的需求有所不同，分别为教学楼6个、图书馆3个、办公大楼2个、教工宿舍5个以及学生宿舍8个。为了确保设备间的正常运行，室内必须保持良好的通风环境，避免尘土积聚，并配置相应的消防设施，严格遵守消防规范。

建筑群主干布线子系统（建筑群子系统）：在校园网的构建中，楼宇间的连接采用了多模光纤。为了确保连接的稳定性和效率，参照校园平面图，精确计算光纤的实际敷设距离。在敷设过程中，倾向于采用电缆沟或地下管道进行光纤的布置，以最大限度地减少外部环境的干扰和潜在的安全隐患。同时，考虑到现有资源的使用情况，可以在适当的情况下结合利用原有的管线，但在必要时，也会重新铺设地下管道以确保光纤的顺利铺设和稳定运行。

思考题

1. 请简述建筑设备自动化系统的定义，分析建筑设备自动化控制技术从过去到现在的主要发展历程，并预测未来可能的发展趋势。

2. 建筑设备自动化系统如何实现设备的监控与管理？这种监控与管理对提升建筑运营效率有何具体影响？

3. 节能控制是建筑设备自动化系统的重要功能之一。请分析该系统如何通过智能控制策略实现节能目标，并给出实际案例。

4. 解释计算机控制系统的基本原理，并说明其组成部分如何协同工作以实现控制目标。

5. 智能建筑系统集成的内容包括哪些方面？这种集成对于提升建筑智能化水平有何重要意义？

6. 探讨智能建筑系统集成的不同模式（如中央集成、分层集成等），并分析它们各自的优缺点及适用条件。

7. 智能建筑的综合布线技术有哪些关键要素？如何规划和实施一个高效的综合布线系统？

第2章　建筑设备自动化系统工程中的监控设备

建筑设备自动化系统是提升建筑智能化和舒适度的关键。本章将探讨该系统中的三大核心组件：传感器、执行器和控制器。传感器实时监控环境参数，为自动控制提供数据；执行器精准调节建筑内部环境；控制器则作为"大脑"指挥整个系统。通过学习本章，读者将深入理解这些组件，为掌握建筑自动化系统打下基础。

2.1　建筑设备自动化系统常用传感器

2.1.1　温度传感器

温度传感器被广泛应用于测量室内、室外温度以及管道中介质的温度。这类传感器主要包括热电偶、热电阻、热敏电阻以及电接点温度计等多种类型。其安装方式亦多样化，如墙挂、水管、风道及室外安装等。

2.1.1.1 热电偶

热电偶的工作原理是在两种不同金属组成的闭合电路中，如果两个金属连接点的温度存在差异，该电路就会产生热电动势和电流。通常，我们使热电偶的一端温度维持稳定，这一端被称为冷端或自由端，而另一端则置于需要测温的环境中，这一端被称为工作端或热端。由此产生的热电动势与被测温度之间存在函数关系。只要测量出这一电动势，我们就能确定被测点的温度。这种方法在工业上常被用于测量500℃以上的高温。

国际电工委员会推荐了7种标准化的热电偶，其中5种常用类型在表2-1中列出。在这些热电偶中，由铂及其合金构成的价格最高，但其热电动势的稳定性极佳。铜和康铜的价格最为亲民，而镍铬的价格适中且灵敏度最高。值得注意的是，热电偶产生的热电动势不仅受测量温度的影响，还与冷端的温度有关。这意味着电动势的大小是基于测量端与自由端的温差。由于自由端可能靠近热源，其温度波动可能较大，从而引入测量误差。为了解决这个问题，通常会使用补偿导线与热电偶相连。补偿导线的作用是将热电偶的冷端延伸至远离热源、温度更稳定的环境。对于补偿导线的要求是，在低温条件下，其特性应与热电偶相似或相近，并且成本要低。

表2-1 几种常用的标准型热电偶

热电偶名称	分度号	热电丝材料	测温范围/℃	平均灵敏度	特点
铂铑$_{30}$-铂铑6	B	正极Pt 70%, Rh 30% 负极Pt 94%, Rh 6%	0 ~ +1 800	10μV/℃	价贵，稳定性好，精度高，在氧化气氛中使用
铂铑$_{10}$-铂	S	正极Pt 90%, Rh 10% 负极Pt 100%	0 ~ +1 600	10μV/℃	同上，线性度优于B
镍铬-镍硅	K	正极Ni 90%, Cr 10% 负极Ni 97%, Si 2.5% Mn 0.5%	0 ~ +1 300	40μV/℃	线性好，价廉稳定，可在氧化及中性气氛中使用

续表

热电偶名称	分度号	热电丝材料	测温范围/℃	平均灵敏度	特点
镍铬–康铜	E	正极Ni 90%, Cr 10% 负极Ni 60%, Cu 60%	−200 ~ +900	80μV/℃	灵敏度高, 价廉, 可在氧化及弱还原气氛中使用
铜–康铜	T	正极Cu 100%；负极Ni60%, Cu 60%	−200 ~ +400	50μV/℃	价廉, 但铜易氧化, 常用于150℃以下温度测量

2.1.1.2 热电阻

热电阻的工作原理是基于金属导体和半导体的电阻值随温度的变化而改变的特性，并且这种变化遵循一定的函数关系。

（1）金属热电阻。金属热电阻广泛使用的材料包括铂、铜和镍等。除了Pt100、Cu50等常见类型，还有如Pt1000、Pt3000铂热电阻以及铁镍合金BALCO500热电阻等，它们主要表现出线性特性。

铂热电阻的特点主要体现在其电阻值与温度之间基本呈线性关系，测量精度高，性能稳定可靠，但价格相对较高，非常适合用于制造精密的标准热电阻。

铜热电阻虽然其电阻值与温度关系也呈线性，但精度相对较低，且在高温环境下容易氧化。不过，由于其价格低廉，常被用于对测量精度要求不高的场合。

（2）半导体热敏电阻。半导体热敏电阻是一种特殊的电阻器，其电阻值随着温度的升高而降低。这种电阻器由半导体材料制成，具有灵敏度高、响应速度快、精度高等特点。在建筑设备自动化系统中，标准的半导体热敏电阻被大量使用。其标称电阻值是指在25℃的基准温度下测得的电阻值，通常分为多个等级。在BAS工程应用中，一般要求温度精度达到±1%，热时间常数小于20s。同时，需要特别注意由于NTC封装形式的不同可能导致的延迟和误差问题。在建筑设备自动化系统中，半导体热敏电阻广泛应用于温度测量、温度补偿和温度控制等方面。

①温度测量：半导体热敏电阻可以用于测量建筑物内部和外部的温度。通过将热敏电阻与恒流源相连并接入电路中，可以精确地测量出当前环境的温度值。这对于建筑设备自动化系统中的温度监控和调节至关重要。

②温度补偿：在建筑设备中，许多电子元器件的性能会受到温度的影响。通过使用半导体热敏电阻进行温度补偿，可以消除或减小这种影响，从而提高电路的稳定性和可靠性。

③温度控制：半导体热敏电阻还可以用于建筑设备中的温度控制。例如，在空调系统中，通过监测室内温度并根据设定值调整制冷或制热功率，以实现室内温度的恒定控制。此外，在供暖系统中，半导体热敏电阻也可以用于监测和控制供暖设备的温度输出。

（3）热电阻的测温。热电阻的阻值会随温度的变化而改变，为了将这种变化转化为可测量的电量，通常采用平衡或不平衡电桥电路。在图2-1中，R_r代表热电阻。对于图2-1（a）的平衡电桥电路，每个特定的温度都对应一个热电阻值，此时滑动电阻的动触点会移动到一个确定的位置，使得电桥达到平衡状态，即$I_P=0$。而在图2-1（b）的不平衡电桥电路中，当电桥处于不平衡状态时，即$I_P\neq0$，会指示出被测量的值。

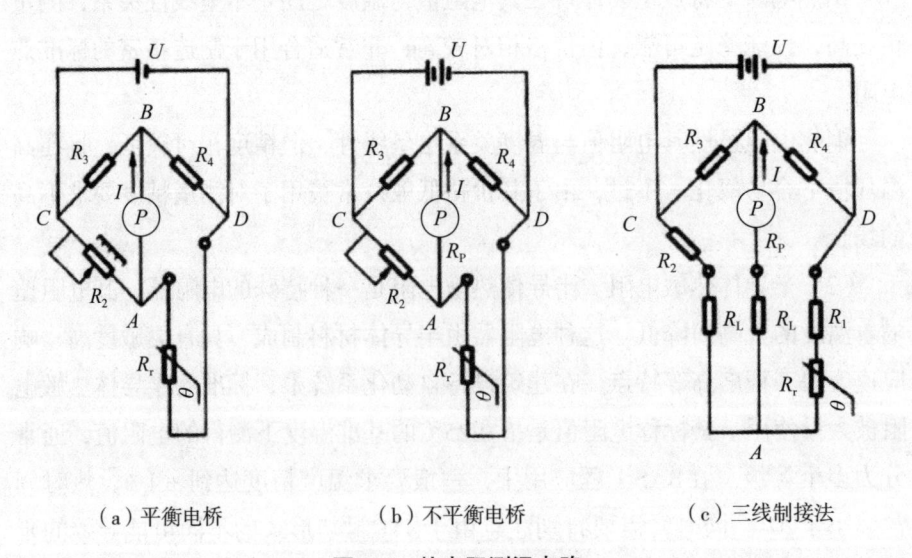

（a）平衡电桥　　　　（b）不平衡电桥　　　　（c）三线制接法

图2-1　热电阻测温电路

图2-1（a）和（b）是两线制接法，这种接法适用于对精度要求不高且测温热电阻与检测仪表距离较近的场合。而当需要更高的精度时，需采用图2-1（c）所示的三线制接法。这种接法可以有效地消除因连接导线电阻（尤其是当导线较长时，其电阻不能忽视）引起的测量误差。这是因为在不平衡电桥中，热电阻作为电桥的一个桥臂电阻，其连接导线的电阻也成为桥臂电阻的一部分。这部分电阻是未知的，且会随长度和环境温度的变化而变化，从而导致测量误差。采用三线制接法时，两根导线的电阻分别被置于电桥的相邻两臂上，而中间的一根导线电阻连接在电源的对角线上。这样，它们的电阻变化对读数的影响可以相互抵消。

在工程实践中，使用热电阻测量温度通常有两种情况：一是热电阻直接连接到控制器的模拟量输入通道AI上，这种连接方式简单直接，适用于短距离传输和较为简单的系统配置。二是热电阻连接到温度变送器上，温度变送器再将信号转换为标准信号（如4~20mA或0~10V），然后通过导线连接到控制器的AI通道。使用温度变送器可以提高信号传输的抗干扰能力和准确性，特别适用于长距离传输和复杂环境。

2.1.1.3 电触点压力温度计

电触点压力温度计是依据感温包内介质压力与温度间的关联变化来设计的。其构造如图2-2所示。感温包紧密地与被测物体的容器相连。在进行温度测量时，一旦被测物体的温度有所波动，感温包内部的压力就会相应地调整。这种压力变化通过毛细管传递至C形弹簧管，进而使其形状发生改变并产生位移，驱动指针显示当前温度读数。若指针移动至预设的上下限位置，触点会进行通断操作，并通过电输出端子发出控制指令。

由于电触点压力温度计输出的是开关信号，因此它具备使用简便、便于控制以及持续稳定测量等优点。这种温度计适用于距离不超过20m，并且在-50~550℃范围内的液体、气体及蒸汽的温度监测，尤其适用于那些对控制精度要求不甚严格的场景。

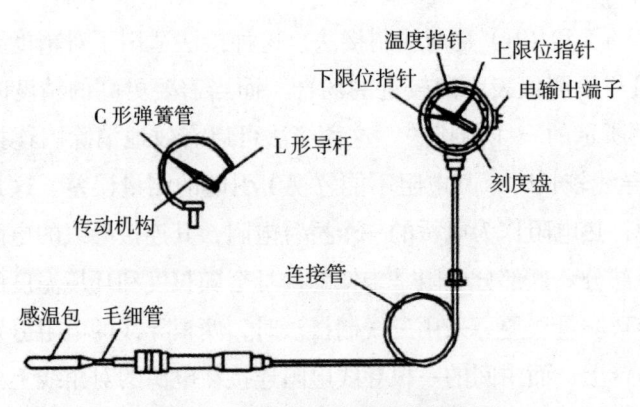

图2-2 电触点压力温度计结构图

2.1.2 湿度传感器

在建筑设备自动化体系中，湿度传感器被广泛应用于监测室内外空气湿度以及风道内的湿度状况。然而，由于环境温度、空气中的水蒸气浓度、气压以及湿敏材料的物理化学性质等多重因素的影响，精确测量湿度相较于温度检测显得更为复杂。存在多种类型的湿度传感器，它们在设计和工作原理上各不相同。

2.1.2.1 氯化锂电阻式湿度传感器

氯化锂电阻式湿度传感器由导电性极佳的电极、有机绝缘基板、包含氯化锂溶液的湿度感应膜以及封闭的外壳构成，是电解质湿度传感器的一个代表。氯化锂具有吸湿性，当环境湿度增加时，其电阻值会降低；反之，湿度降低时电阻值会上升。利用这一特性，可以通过监测电极间的电阻变化来感知环境的相对湿度。氯化锂湿度传感器的阻值在湿度50%~80%RH范围内与湿度变化呈线性关系。

近年来，新型的DWS-P氯化锂湿度传感器在性能上有了显著提升，不仅克服了早期产品使用寿命短和性能不稳定的缺点，而且精度高达±5%,

响应速度快。尽管如此，它的耐热性相对较弱，最适宜在环境温度不超过50℃、相对湿度在20%~90%的条件下使用。

2.1.2.2 电容式湿度传感器

电容式湿度传感器通常由两个金属电极之间的一层湿度敏感材料组成，形成了一个电容器结构。当环境中的湿度发生变化时，湿度敏感材料会吸收或释放水分，从而改变其介电常数。这种变化进而导致电容器的电容值发生改变。此类传感器的检测精度可达±2%，测量范围覆盖0%~100%的相对湿度，并且适用于环境温度不超过80℃的环境。

在建筑设备自动化系统中，电容式湿度传感器主要应用于：

（1）环境监测与控制。电容式湿度传感器可以实时监测建筑内部的湿度为建筑设备自动化系统提供准确的湿度数据。系统可以根据这些数据自动调整空调、加湿器等设备的工作状态，以维持建筑内部湿度的稳定与舒适。

（2）节能与效率提升。通过精确控制建筑内的湿度，可以提高空调和供暖系统的效率，减少能源消耗。同时，适宜的湿度环境也有助于提高居住者和员工的工作效率和舒适度。

（3）预防损害与保护资产。过高的湿度可能导致建筑材料的损坏，如墙体发霉、木制品膨胀等。电容式湿度传感器可以及时发现湿度异常，从而触发预警系统或自动调整设备以预防潜在的损害。

（4）安全与健康保障。适宜的湿度环境对于居住者的健康至关重要。电容式湿度传感器有助于维持建筑内部的湿度在健康范围内，防止因湿度过高或过低而引发的呼吸道疾病或其他健康问题。

2.1.3 压力/压差传感器

在建筑设备体系中，对于水系统和风系统，精确测量和控制压力及压差是至关重要的，以确保整个工艺流程能够顺畅进行。例如，在恒压供水系中，可利用压力传感器来监测供水管的压力，进而通过变频器来调整水泵的运转速度；同时，空气压差开关则用于监控风机的运作状态以及过滤器的阻力状况。基于敏感元件的不同，压力传感器可以分为多种类型，包括电容型、压电式以及采用弹性元件的压力传感器等。

2.1.3.1 电接点压力表

在压力表中，常见的弹性元件有弹簧、弹簧管、波纹管以及弹性膜片等。当被测压力施加在弹簧管上时，其末端会相应地发生弹性形变。这一形变经过传动机构的放大后，会由指示装置在表盘上显示出来。同时，指针会带动电接点装置的动触点与设定指针上的触头进行接触，这一瞬间会触发控制系统的电路接通或断开，从而实现自动控制及报警信号的发送。

部分电接点装置的电接触信号针上装有可调的永久磁钢，这不仅增强了接点的吸力，还加速了接触动作，使得触点接触更为可靠，并有效消除了电弧，避免了因工作环境振动或介质压力波动导致的触点频繁断开。因此，这种仪表有动作可靠、使用寿命长，且触点开关功率较大的优点。

2.1.3.2 霍尔压力传感器

霍尔压力传感器是基于霍尔效应工作的传感器，当霍尔片在磁场中受到洛伦兹力作用时，会产生电位差即霍尔电势。在建筑设备自动化系统中，霍尔压力传感器发挥着重要作用：它可以被应用于楼宇自控系统，监测水压、气压等参数，确保建筑内部环境的稳定和舒适；该传感器在安全与监控系统中扮演关键角色，通过实时监测建筑内的压力变化，及时预警潜在的安全隐患；在能源管理系统和维护与预防性保养方面，霍尔压力传感器也提供了有力的数据支持，帮助优化能源消耗、预测设备故障，并延长设备使用寿命。

2.1.3.3 电容式差压传感器

图2-3是一种电容式压差传感器的示意，它不仅能够测量压力，还能

测量压差。传感器内部由左右对称的不锈钢基座、玻璃绝缘层以及弹性膜片等组成，形成了两个电容器。当隔离膜片感受到两侧的压力时，这一压差会通过硅油传递到弹性测量膜片的两侧，导致膜片发生位移。随着电容极板间距离的变化，两侧电容器的电容值也会随之改变。这一电容量的变化，在经过适当的转换器电路处理后，可以转化为反映被测压差的标准电信号输出。此类传感器结构稳固、灵敏度高、过载能力强，且精确度可达 ±0.25%~±0.05%。

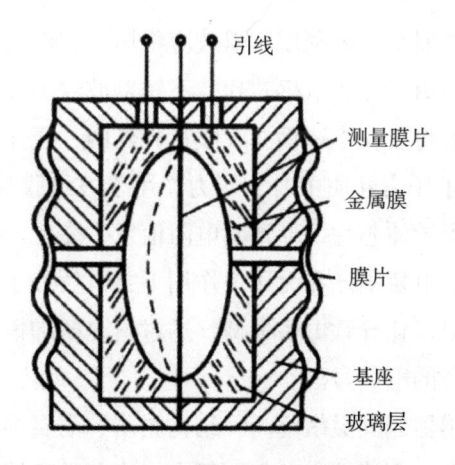

图2-3 电容式差压传感器示意

2.1.3.4 压电式压力传感器

压电式压力传感器是一种基于电荷效应的传感器。压电式压力传感器通常由压电材料和电极组成。当外界压力作用在传感器的压电材料上时，材料发生形变，引起电荷重新排列。电极随后收集这些电荷，并通过电路传输到接收器。接收器将电信号转化成可读的压力信号，该信号可以输出到显示器或其他设备上，从而实现对压力的检测和监测。这种传感器被广泛应用于各种工业和科学领域，因其灵敏、准确和稳定的特性而受到青睐。

压电式压力传感器的核心在于压电晶体，该晶体展现出压电效应，即在特定的温度范围内，受压后会产生电动势。然而，当温度超过某一特定值

（即居里点）时，压电晶体的压电效应会完全消失。早期的压电晶体主要是石英，但其压电系数相对较小。随后，人造晶体如磷酸二氢铵等逐渐取代了石英。目前，压电效应也已广泛应用于多晶体材料，如钛酸钡、PZT等多种压电陶瓷。值得注意的是，压电式压力传感器并不适用于静态测量，因为它只能测量动态的应力变化。

2.1.3.5　压阻式压力传感器

压阻式压力传感器是一种利用压阻效应将压力转换为电信号的装置。压阻式压力传感器主要由半导体敏感芯片、不锈钢波纹膜片壳体、硅油和引线等组成。敏感芯片被封装在不锈钢波纹膜片壳体内，壳体内充有硅油以传递压力。当传感器处于压力介质中时，压力作用于波纹膜片上，使硅油受压。硅油将压力传递给半导体芯片，导致其电阻值发生变化。电阻信号通过引线引出，并接入惠斯通电桥中。在无压力作用下，电桥处于平衡状态；当传感器受压后，芯片电阻变化导致电桥失衡。通过给电桥加恒定电流或电压，电桥将输出与压力对应的电信号。

压阻式压力传感器因其灵敏度高、结构紧凑、耐腐蚀性强，在建筑设备自动化系统中常用于监测建筑内的空气压力、水压等环境参数，供暖、通风和空调（HVAC）系统的压力，设备的压力等。

2.1.3.6　压差开关

压差开关是一种特殊的控制开关，它依据相互部件间的压力差值，并依靠电信号进行信息传递，从而控制开关闭合或打开。当管道两端的压差升高（或降低）超过控制器设定值时，压差开关会发出信号以控制系统中的阀门换向或监视润滑系统，确保系统的正常运行。它允许用户通过刻度盘来设定压差的动作值，其控制范围通常在20~1 000Pa。这种开关能够满足一般空调机组中风机故障报警以及各级过滤器阻塞报警的需求。通过细塑料管将两个传感孔分别连接到被测的高压和低压侧，当两侧的压差超过设定值时，弹簧支撑的薄膜会发生移动，从而驱动触点的通断动作。

2.1.4 水流量传感器

在建筑领域,水流传感器扮演着关键角色,主要用于监控给排水系统和空调水系统的液体流动情况,进而精确测定系统的水流量、制冷量及热量。

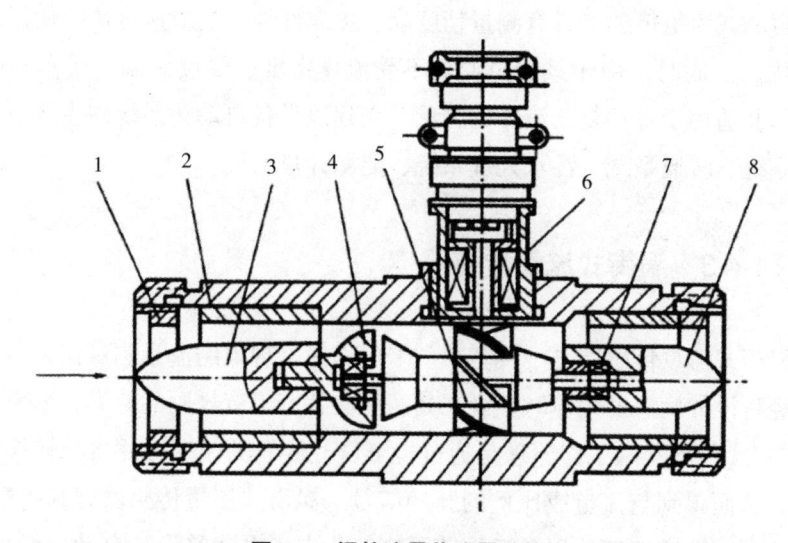

2.1.4.1 涡轮流量传感器

涡轮流量传感器的构造参考图2-4。当液体流经传感器时,会驱动涡轮叶片旋转。这些由磁性材料制成的叶片在旋转过程中,会周期性地改变磁路中的磁阻,进而感应出交流电脉冲信号。此信号的频率与流经液体的体积流量成正比。经过磁电转换器的信号放大后,可用于流量的指示和积算。

涡轮流量传感器的精确度对于液体通常在±0.25%R~±0.5%R,而高精度型号可以达到±0.15%R。其短期重复性在0.05%R~0.2%R。由于这种传感器具有很好的重复性,如果经常进行校准或在线校准,其精确度会非常高。此外,涡轮流量传感器不仅精确度高,而且适用性强,价格也适中。

图2-4 涡轮流量传感器结构

1—紧固环 2—壳体 3—前导流器 4—止推片 5—涡轮叶片
6—磁电转换器 7—轴承 8—后导流器

2.1.4.2 电磁式流量传感器

电磁式流量传感器主要由电极、线圈（包括激励线圈和检测线圈）、电路板和芯片等组成。激励线圈负责产生磁场，而检测线圈则通过检测磁场的变化来测量流速（图2-5）。

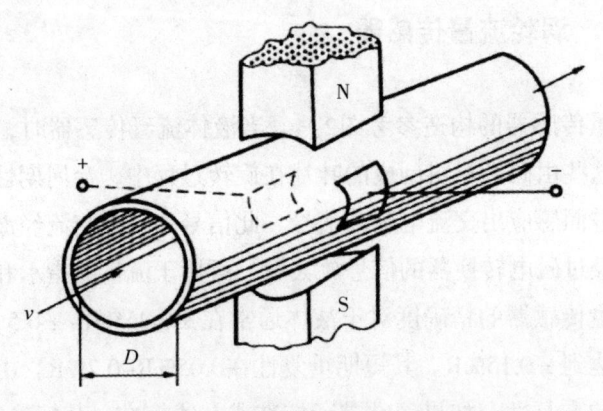

图2-5 电磁式流量传感器原理

电磁式流量传感器具有测量精度高、可靠性强、响应速度快、使用寿命长等优点。同时，由于其测量原理不受流体密度、黏度、温度等参数的影响，因此适用于各种复杂流体的测量。在建筑设备自动化系统中主要应用于供水系统、暖通系统、污水处理系统、能源计量系统。

2.1.4.3 涡街式流量传感器

涡街式流量传感器是一种基于"卡门涡街"现象的流量测量仪表。当流体流经特设的旋涡发生体时，会在其两侧交替产生有规则的旋涡，形成"卡门涡街"。传感器的工作原理是通过检测这些旋涡的频率，并将其转换为电信号，从而得到与流量成比例的脉冲信号。涡街式流量传感器因其高精度、可靠性高、响应速度快以及适用范围广等优点，在建筑设备自动化系统中，被广泛应用于能源管理、空调系统控制、给水系统监控、消防系统监测等。

2.1.4.4 超声波流量传感器

超声波流量传感器以其非侵入性的测量方式著称，它常常被安置在管道的外部。超声波在流体中的传播速度深受流体流动速度的影响。与固定的参照点（例如管道壁）相比，沿着流体流动方向的超声波传播速度会比逆着流体流动方向的传播速度更快。因此，可以通过测量超声波在流体中的传播速度，来推算出流体的真实流速，从而得出其流量。

为了实现这一目标，需要一个可以发射超声波的转换器——超声波探头。在高频电脉冲的驱动下，压电晶体会进行高频振动，发射出高频变化的压力波，即人们所称的超声波。这些超声波会以特定的角度射入流体，并由管道另一端的接收转换器捕获。接收转换器则利用正压电效应，将这些高频压力波转换回高频电脉冲信号。

在测量流速方面，主要采用的方法有传播时间法和多普勒效应法。在使用过程中，需要输入一些参数，例如流体的类型、管道的材质、内径、壁厚以及转换器的安装距离（也可以进行自动检测），这样才能精确地计算出流量。

在安装过程中，应保证管道是直的，且其表面应平坦，没有凹凸和锈蚀。另外，需要注意的是，如果管道的衬里过厚，或者锈层与管道内壁发生剥离，那么这种传感器可能无法正常工作。

2.1.4.5 靶式流量开关

靶式流量开关的结构可参考图2-6。当流体流动时会对悬挂在流束中的一个靶片产生推力作用。一旦靶片所受的作用力超过流量计上弹簧的弹力时靶片就会转动并拨动微动开关使触点发生变位。这种流量开关通常安装在空调的冷冻水和冷却水的供水干管上，起联锁和断流保护作用。

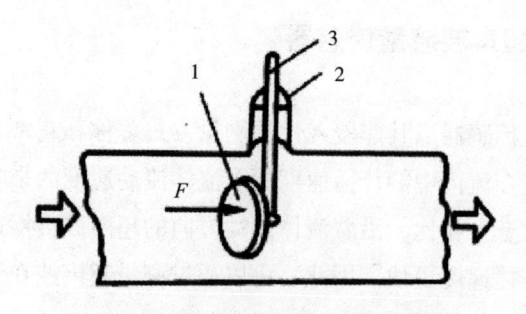

图2-6　靶式流量开关示意

1—靶片　2—输出轴密封片　3—靶片输出杠杆

2.1.5　液位传感器

在建筑设备体系中,液位开关具有广泛的应用,几乎所有设有水箱和水池的场所都需要对其液位进行监控。

2.1.5.1　电极式液位传感器

电极型液位传感器设计简洁,性能稳定,操作和维护均十分便捷,因此在锅炉的液位控制中得到了大量应用。其工作机制依赖于无缝钢管筒体内安装的不同长度的不锈钢电极棒。这些电极棒在锅炉工作时,会与锅炉内的水接触或分离,从而传递出不同的液位信号,如高水位、正常水位的上限和下限,以及低水位。若将其应用于水箱或水塔,除了通常不配备筒体,且多个电极都装在同一法兰盘上,电极的长度也根据实际水箱的深度进行定制外,其余部分与锅炉应用相似。

2.1.5.2　浮球液位传感器

浮球式液位传感器的工作原理是通过检测漂浮在被测液体表面的浮子因液面变动而产生的位移,或是通过测量浸没在液体中的浮筒所受浮力与液面位置的关系来判定液位。

2.1.5.3 电缆浮球开关

线缆浮球开关采用微动开关或水银开关作为触点元件。当线缆连接的浮球以重锤为轴心上扬至特定角度时，通常微动开关的上扬角度为28°±2°，水银开关的上扬角度为10°±2°，开关会输出开启或关闭的信号。

2.1.6 CO_2传感器

现代建筑不仅要求提供舒适的温度和湿度环境，更注重维护室内的空气质量。在实际工程中，我们通常使用二氧化碳浓度作为衡量空气质量的指标，确保房间内二氧化碳的浓度低于1000ppm，以满足人们的健康需求。

2.1.6.1 基于气敏半导体的CO_2传感器

目前应用最广泛的二氧化碳传感器是采用气体敏感半导体元件的传感器。这类传感器在稳定加热状态下工作，当空气接触到传感器表面时，部分气体分子会被吸附并在加热后分解附着在传感器上。有些气体会在吸附过程中获取电子成为负离子，如氧气和一氧化氮，这类气体被称为氧化型气体；而有些气体则会释放电子成为正离子，如氢气和一氧化碳，这类气体被称为还原型气体。

当这些气体吸附在N型或P型半导体上时，会影响半导体的载流子数量。在正常情况下，传感器的氧气吸附量是稳定的，即半导体的载流子浓度是恒定的。但是，当有异常气体流入传感器时，传感器表面的吸附状态会发生变化，从而导致载流子浓度的改变。通过监测这种变化，可以测量出二氧化碳的浓度。

2.1.6.2　基于红外吸收型的CO_2传感器

红外吸收型二氧化碳传感器的工作原理是利用不同气体分子对不同波长的红外辐射有不同的吸收特性。由于不同气体的化学结构不同，它们对红外辐射的吸收能力也各不相同。因此，当不同波长的红外辐射照射到被测气体时，某些波长的辐射会被气体选择性吸收而减弱，从而形成特定的红外吸收光谱。通过了解某种气体的红外吸收光谱，可以确定该气体在红外区域的吸收峰。

对于同一种气体，不同浓度下在同一吸收峰位置会有不同的吸收强度，且吸收强度与气体浓度成正比。因此，通过检测气体对红外光的波长和强度的影响，可以准确地确定气体的浓度。传感器的工作原理是将检测到的二氧化碳浓度转换为相应的电信号，经过滤波、放大等处理后输入微处理器系统中进行进一步的处理和补偿，最终通过显示装置显示出测量值。

2.2　建筑设备自动化系统中的执行器

在自动化控制体系中，执行元件会接收来自控制器的指令信号，进而调整相关联的控制装置的状态。例如，阀门驱动器会把这些控制信号转化为线性的或角度的移动，以此来改变调节阀的流通面积，进而调控流经被控制流程的物料或能量的量，从而达到对过程参数进行自动化管理的目的。这种控制可能通过运用可控硅整流器来调整加热器的电压或电流实现，或者通过变频器调整泵或风机的旋转速度，又或者是借助气缸的推动杆来调整压缩机的功率调节滑块或导叶角度。

2.2.1 电动水阀执行器

电动水阀执行器发出的操控信号，能够通过阀门和执行器的协作来实现对水流量的精准控制。

2.2.1.1 冷热水调节阀体

（1）GV系列二通、三通冷热水调节阀体。GV系列的温控水阀，质量上乘，特别适用于空调系统内的冷冻水和低压热水的调节。此系列阀门提供多种口径选择（20~150mm），其中20~50mm的采用标准螺纹接合，而65~150mm的阀门则使用法兰连接。

①阀门构造包含铸铁调节阀、黄铜阀芯、不锈钢阀杆，有二通和三通两种类型。

②工作介质为水和乙二醇（最高浓度50%）。

③阀门的耐压能力低于16bar。

④执行器：可兼容多种执行器，例如LA50/LA60/LA80等系列。

⑤安装方式：支持多角度安装，但阀杆必须位于水平中轴线之上。须按照阀门上的标识确定水流方向，AB代表水流出口。对于二通阀，A为进水口；对于三通混合阀，则A口和B口同时使用，如图2-7~图2-9所示。

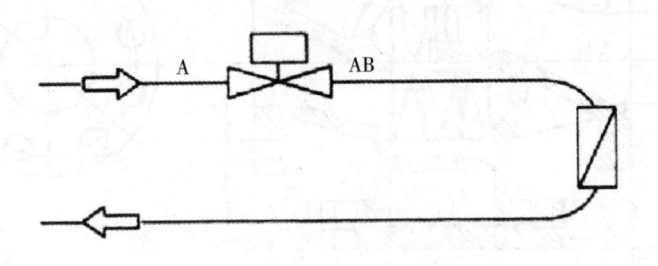

图2-7 阀门调节流量的流程图一

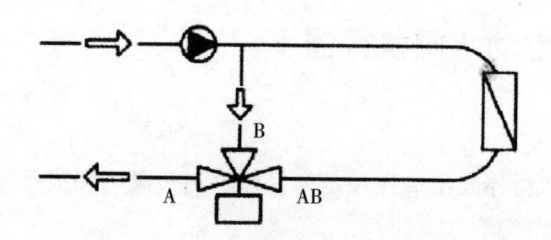

图2-8 阀门调节流量的流程图二

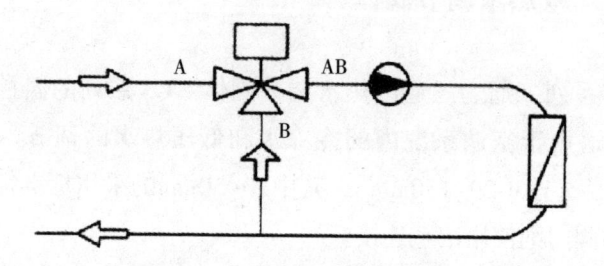

图2-9 阀门调节流量的流程图三

注意事项：GV阀是混流阀，不适用于分流。若要用作分流，则按图2-10进行安装。

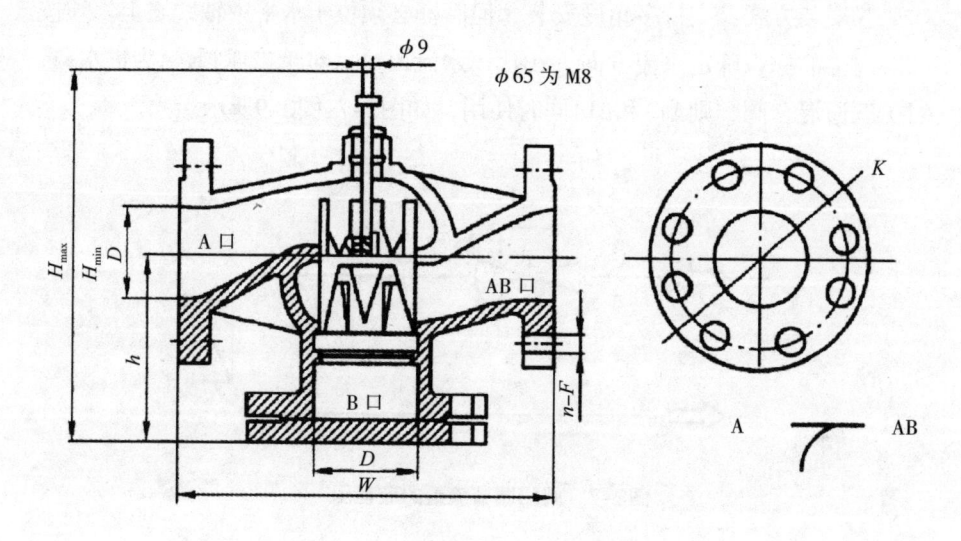

图2-10 分流时的出入口选用示意

（2）TF系列二通冷热水调节阀体。TF系列电动调节阀广泛用于空调、制冷、采暖等楼宇自动控制系统末端设备。

阀体特点如下：

①电动调节阀口径为DN15~DN400，阀体结构有二通阀和二通平衡阀。

②具有等百分比和直线等流量特性。

③电动平衡式调节阀适用于管道介质压力比较高的情况。当电动二通调节阀的允许压差值不能满足系统要求时，请选用电动平衡式调节阀。

2.2.1.2 调节阀执行器

（1）LA50系列阀门执行器。阀门执行器加上阀门，就可以完成调节流量的功能LA50系列阀门执行器采用低压交流同步正、反转电动机，通过齿轮传输动作，可选比例型和升/降型，带阀门操作位指示器，可配置一个辅助开关及手动控制装置，比例型带两个拨动器，一个用来选择DC0~10V或4~20mA控制信号模式，另一个用来选择电动机的正、反转。

①技术参数。

供电电源：AC 24/240V，50/60Hz。

功率：升降型为2.5V·A，比例型为4.5V·A。

行程：适用于15/17/19mm。

行程时间：50Hz下为12.4s/mm，60Hz下为10.3s/mm。

关断力：500N。

②安装接线。执行器安装尺寸示例如图2-11所示。接线示例见图2-12和图2-13。

（2）LA60系列阀门执行器。

①产品介绍。LA60系列阀门执行器主要用于65mm直径的调节阀控制。该产品采用无声、高扭矩双向电动机，可选比例型和升降型，带手动操作功能。

②技术参数。

行程：16mm、25mm或45mm（可调）。

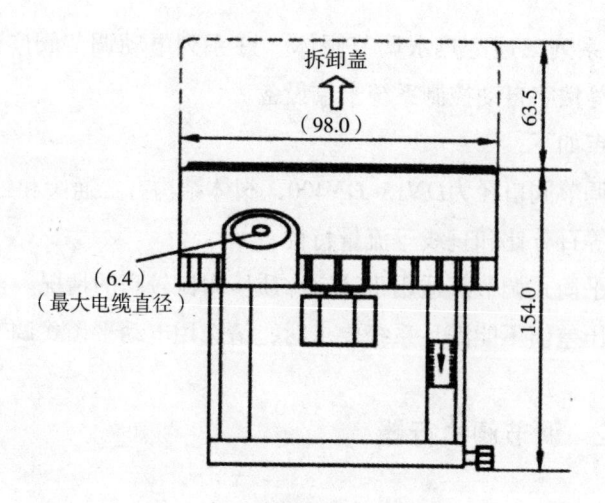

图2-11 执行器安装尺寸示例

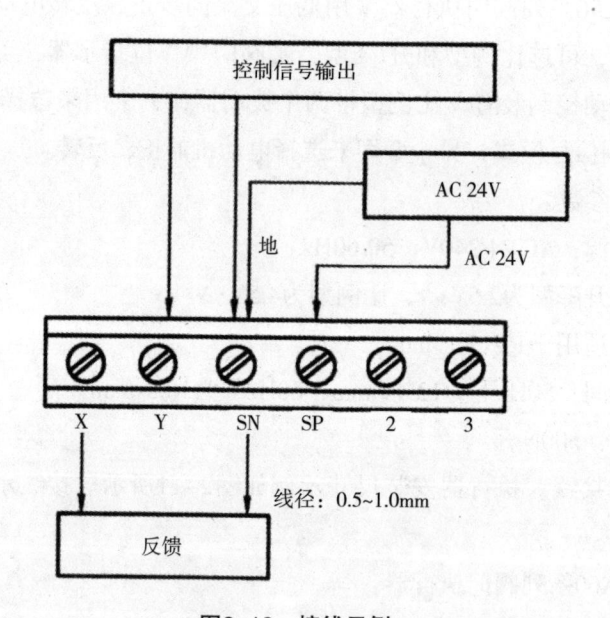

图2-12 接线示例

行程时间：80s。

关断力：1200N。

比例型直流控制信号：DC 0~10V，4~20mA。

③安装接线。安装尺寸如图2-14所示。

图2-13 接线示例

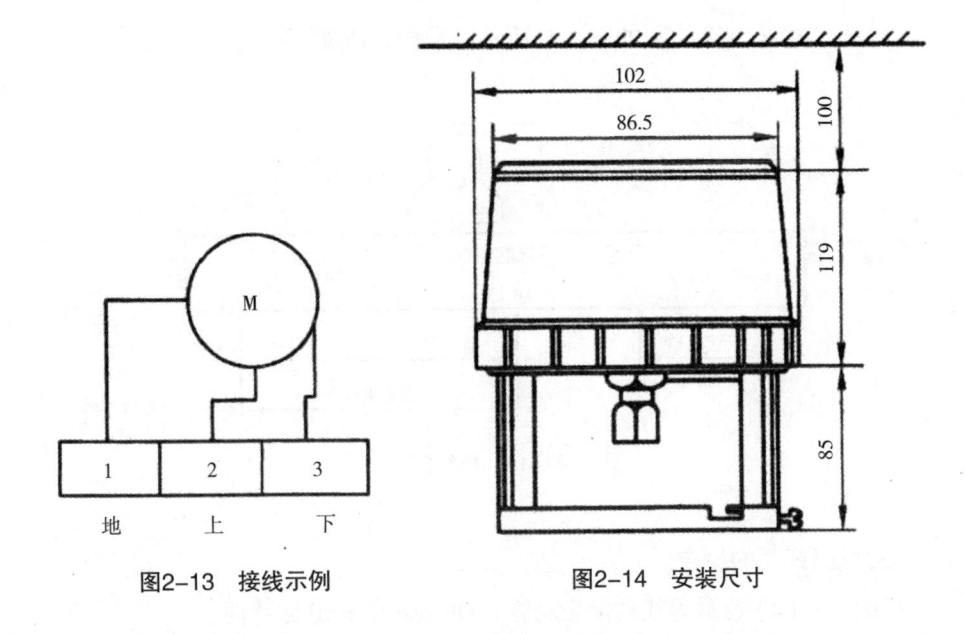

图2-14 安装尺寸

（3）TR1800-X/TR3000-X智能比例调节型驱动器。

①产品介绍。该系列水阀驱动器用于空调、制冷和换热等控制系统中可以接收4种电压或电流型控制信号。根据控制信号调节阀门开度，从而调节系统中的介质流量，最终达到控制系统中的温度、湿度或压力等参数的目的。

②技术参数。执行器典型技术参数见表2-2。

表2-2 执行器典型技术参数

驱动器型号	TR1800-X	TR3000-X	TR1800-X-220	TR3000-X-220
电源电压	AC 24V ± 10%	AC 24V ± 10%	AC 220V ± 10%	AC 220V ± 10%
输入/输出信号	DC 0~10V 0~20mA DC 2~10V 4~20mA	DC 0~10V 0~20mA DC 2~10V 4~20mA	DC 0~10V 0~20mA DC 2~10V 4~20mA	DC 0~10V DC 2~10V 0~20mA 4~20mA
行程时间/（40mm/s）	128	128	128	128
最大行程/mm	42	42	42	42

③安装接线。接线图如图2-15所示。操作方法如下:

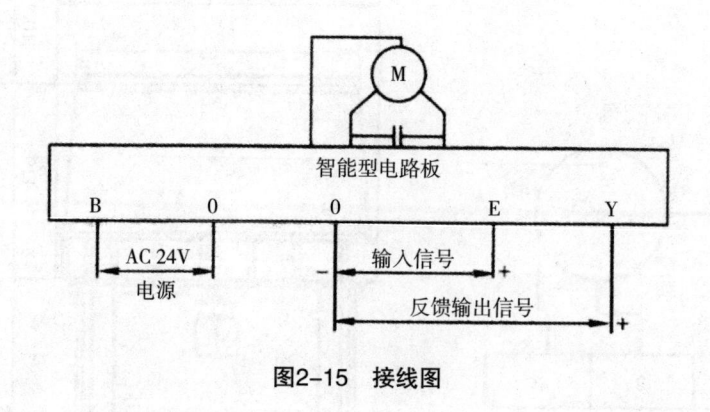

图2-15 接线图

S2拨码开关的设定。

第1位：OFF表示等线性流量特性，ON表示等百分比特性。

第2位：OFF表示控制信号起点为0（即0~20mA或DC0~10V），ON表示控制信号起点为20%（即4~20mA或DC2~10V）。

第3位：OFF表示RA模式（即控制信号增加，驱动器中心轴向上运行），ON表示DA模式（即控制信号增加，驱动器中心轴向下运行）。

第4位：当电压信号断开时，Down相当于输入最小控制信号，Up相当于输入最大控制信号；当电流信号断开时，Down/Up均相当于输入最小控制信号。

S3拨码开关的设定。

第1位：OFF为电压反馈信号，ON为电流反馈信号；第2位：OFF为电压输入信号，ON为电流输入信号。信号类型设定拨号图如图2-16所示。

如图2-16所示，首先根据需求设定完拨码开关，再将电源及输入/输出信号线接好，按"自适应"键3s以上，看到阀杆先是向下运动到最底端，再向上运行到最顶端，同时指示灯闪烁。约150s后指示灯停止闪烁，此时电动调节阀与阀体的自适应结束，阀门与驱动器的配合调节结束。

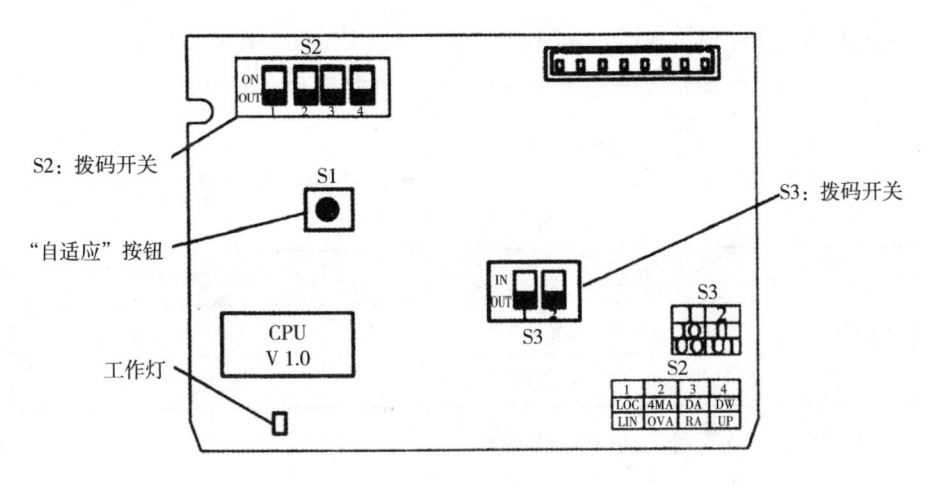

图2-16　信号类型设定拨号图

2.2.2　电动蒸汽阀及其驱动器

2.2.2.1　TF系列电动调节阀

（1）产品介绍。TF15~250-2SGC-L系列电动调节阀广泛应用于空调、制冷、采暖以及楼宇等自动控制系统末端设备。

TF系列电动调节阀可以调节冷/热水、蒸汽等介质的流量，达到控制温度、湿度和压力的目的。TF系列电动调节阀还可以应用于低温介质（如乙二醇等）的工况。

TF系列电动调节阀体积小、重量轻，采用螺纹连接或标准法兰连接，安装方便。其构造符合IEC国际标准。

（2）技术参数。

①电动调节阀口径 $DN15$~$DN250$，阀体结构有二通阀和二通平衡阀。

②具有等百分比、直线等流量特性。

③电动平衡式调节阀适用于管道介质压力比较高的情况。当电动二通调

节阀的允许压差值不能满足系统要求时，请选用电动平衡式调节阀。

④散热型电动调节阀适用于高温介质，如蒸汽和高温油等，常用于蒸汽加热、加湿或热交换器。适用范围见表2-3。

表2-3 适用范围

介质	温度	V型密封圈材
饱和蒸汽	≤0.69MPa饱和蒸汽	特殊密封材料
过热蒸汽	≤220℃过热蒸汽	耐温大于250℃

⑤阀体口径范围：DN15~DN400。

⑥阀体泄漏率：DN15~DN80：<Kvs值的0.01%。

⑦阀体流量特性：等百分比或等线性（用户选型）。

⑧阀体承压：1.6MPa、4.0MPa、6.4MPa。

⑨阀杆密封结构：V形密封圈＋不锈钢弹簧自补偿。

⑩阀体材料：铸钢＋散热片。

⑪阀芯材料：不锈钢。

⑫阀杆材料：不锈钢（1Gr18N9Ti）。

（3）选型型号阀体与驱动器选型表见表2-4。

表2-4 阀体与驱动器选型表

阀体型号	DN/mm	管径/in	推荐驱动器/N	阀门关断压差/MPa
TF15-2SGS-L	15	12	1 000	≤0.50
TF20-2SGS-L	20	3/4	1 000	≤0.50
TF25-2SGS-L	25	1	1 000	M0.40
TF32-2SGS-K	32	11/4	1 800	≤1.00
TF40-2SGS-K	40	11/2	1 800	20.80
TF50-2SGS-K	50	2	1 800	20.80
TF65-2SGS-K	65	21/2	3 000	≤1.00
TF80-2SGS-K	80	3	3 000	K0.60

续表

阀体型号	DN/mm	管径/in	推荐驱动器/N	阀门关断压差/MPa
TF100–2SGS–K	100	4	3 000	K0.80
TF125–2SGS–K	125	5	3 000	≤0.70
TF150–2SGS–K	150	6	3 000	≤0.60
TF200–2SGS–K	200	8	6 500	≤0.70
TF250–2SGS–W	250	10	16 000	≤0.70

注：在一些特殊场合下，DN15 ~ DN25阀体也可以选择1800N驱动器，但型号中的最后一位–L将变为–K，组合后的关断压差也相应提高。

（4）安装接线。二通铸钢（蒸汽）法兰阀体DN15~DN200的安装方向标注在阀体上。

2.2.2.2　TR系列电动阀驱动器

（1）产品介绍。TR系列电动阀驱动器适用于空调、制冷和换热等控制系统，可以接收控制信号为三位浮点型（开关量）或比例调节型（模拟量），调节系统中的液体流量，最终达到控制系统中温度、湿度等参数的目的。同时，该水阀驱动器也适用于化工、石油、冶金、电力和轻工等行业生产过程中的自动控制。

（2）技术参数。具体见表2–5。

表2–5　参数表

驱动器型号	TR500–D	TR500–A	TR1000–D	TR1000–A
控制方式	浮点控制	比例控制	浮点控制	比例控制
电源电压/V（AC）	AC24V	AC24V	AC24V	AC24V
输出力矩/N	500	500	1 000	1 000
输入信号	开关信号	0 ~ 10VDC 4 ~ 20mA	开关信号	0 ~ 10VDC 4 ~ 20mA
输出信号/V	AC24	DC0 ~ 10	AC24	DC0~10

续表

驱动器型号	TR500-D	TR500-A	TR1000-D	TR1000-A
消耗功率/V·A	5.5	5.5	5.5	5.5
行程时间/（40mm/s）	105	105	105	105
最大行程/mm	25	25	25	25
工作温度/℃	-10~60	-10~50	-10~60	-10~50
驱动器型号	TR1800-D	TR1800-A	TR3000-D	TR3000-A
控制方式	浮点控制	比例控制	浮点控制	比例控制
电源电压/V（AC）	24	24	24	24
输出力矩/N	1 800	1 800	3 000	3 000
输入信号	开关信号	DC0~10V 4~20mA	开关信号	DC0~10V 4~20mA
输出信号	AC24V	DC0~10V	AC24V	DC0~10V
消耗功率/（V·A）	10	12	10	12
行程时间/（40mm/s）	128	128	128	128
最大行程/m	42	42	42	42
工作温度/℃	-10~60	-10~50	-10~60	-10~50

（3）安装接线。阀体和驱动器安装在正向垂直90°范围内，应留下足够的空间以供维修阀体及拆卸驱动器之用，电线的接驳必须符合当地及国家标准。

注意：驱动器必须予以保护，防止漏水而损坏内部机件和电动机。驱动器不可被隔热材料所覆盖，以免因散热不良烧毁电动机。

2.2.2.3 蝶阀及其执行器

（1）BV系列蝶阀。

①产品介绍。BV系列蝶阀可广泛用于暖通、水、油、气、化工、食品和医疗等领域的调节控制。

②技术参数。

功能：隔离或调节；安装：夹在两个法兰间。订货时务必注明阀门关闭压力。

阀座材质及适用场所见表2-6。

表2-6 阀座材质及适用场所

材料种类	适用温度/℃	适用介质
NBR（丁腈橡胶）	−10~+82	燃料、海水
EPDM（乙丙橡胶）	−20~+110	水、弱酸类
FPM（氟橡胶）	−20~+210	热气、卤代氢
PIFE（聚四氟乙烯）	10~+120	浓酸、热水、蒸汽

注：选错阀座材质会导致阀门故障，而阀座材质是否合适取决于工作压力、温度及介质种类（包括清洁介质）。

泄漏：标准型在16bar时紧关；松动型在6bar时紧关。

（2）TD系列蝶阀。TD系列电动蝶阀，实现多种组合方式下的控制，适用于暖通空调行业的各类管网控制。

①技术参数。

公称通径：DN50~ DN100。

工作电压：AC 24 ~230V（开关或浮点控制），AC 24V（比例控制）。

工作信号：0（2）~10V 或0（4）~20mA。

②安装接线。尺寸如图2-17所示。

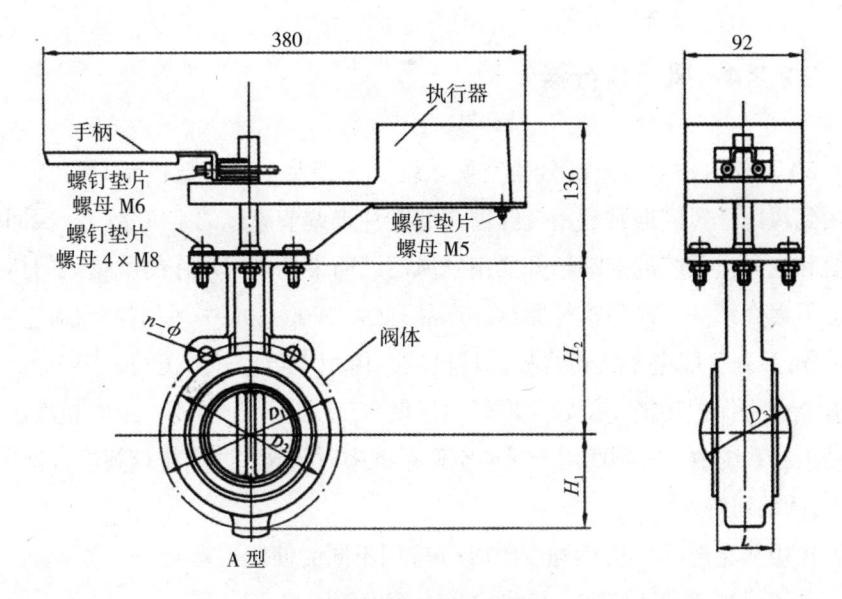

图2-17 安装尺寸

图2-18、图2-19所示为DN50~100电动蝶阀接线图。

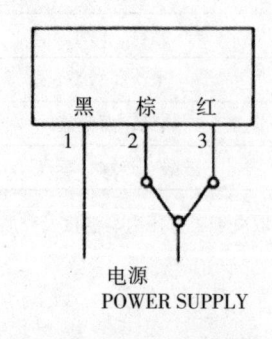

图2-18　开关控制接线图　　　　图2-19　比例调节接线图

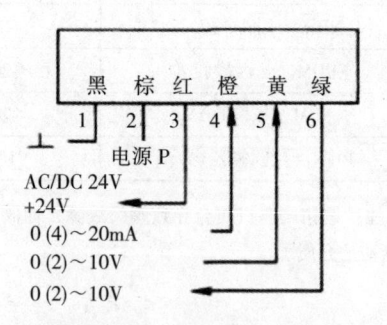

（3）TOMOE蝶阀。TOMOE蝶阀广泛应用于楼控的一个阀门品牌，性能优异。

TOMOE阀门的主要产品有耐高温高压的高性能300系列、用于模拟量调节的500系列、长寿命零泄漏的700系列、防腐蚀的800系列、顶尖级过程阀门三偏心蝶阀，还有部分球阀和执行机构附件等，广泛适用于电厂蒸汽管道和电厂水处理等工艺的切断或调节。

2.2.2.4　风门执行器

BA系统的一个重要部分是空调系统，它涉及空气流量控制时，常常需要用到风门。风门通常利用百叶窗式的叶片来调节流过的空气量。一次回风系统和变风量系统的末端箱都要用到风门，而带动风门动作的就是风门执行器。下面介绍一个风门执行器具体产品：DA4N·m/10N·m风门执行器。

DA系列智能电子式角行程执行机构，体积小巧、外形美观、安全方便，具有全行程保护功能，旋转角度任意可调，广泛应用于温度、压力和流量等自动控制系统中，特别适用于暖通空调系统中对风阀和防火排烟阀进行操作。

DA系列特点：

扭矩从宽选择，从4N·m到10N·m应用不同的使用；

电子保护超载或堵塞；提供多种电源电压选择。

DA系列技术参数：

供应电压：DAAC AC 230V±15%；DADC DC24V±15%；

AC/DC 48V±10%为DADC-48；

功耗：运行状态<8W；静止状态<2.5W。

输出角度：0°~90°（最大为93°）。

2.3 建筑设备自动化系统中的控制器

控制器是构建自动化设备体系中的关键环节，其核心任务是比较被控参数的实时检测值与预设值，并遵循一定的运算规则（例如PID控制算法）进行处理。运算后输出的信号将驱动执行机构，以确保被控参数的实际检测值能够趋近或达到预设的目标值。鉴于建筑设备系统的多元化和复杂性，不同的控制功能需求催生了多样化的控制器类型，诸如火灾警报控制器、风机盘管调控器以及锅炉控制器等。若从控制器处理的信号形式来分类，可大致划分为机械电气式、模拟电子式和直接数字式三类。本章将专注于介绍与暖通空调系统相关的控制器。

2.3.1 机械电气式控制器

2.3.1.1 自力式温度控制器

自力式温度控制器，也被称为恒温阀，是一个集成了传感器、控制器和调节阀的控制系统。其设计简洁，工作时无须额外的能源供应，仅依赖传感器从被控介质中汲取能量以驱动执行器的动作，但须注意其控制精度相对较低。图2-20展示了采暖散热器恒温调节阀，它被装置在每一台采暖散热器的进水管道上，通过调节进入散热器的热水流量来控制采暖房间的温度。

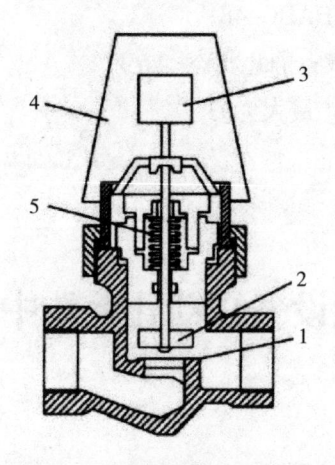

图2-20 采暖散热器恒温调节阀
1—阀座　2—阀芯　3—传感器　4—调节旋钮　5—弹簧

该控制器的传感器是一个内含少量液体的弹性元件。当环境温度上升时，部分液体会蒸发成蒸汽，进而增加弹性元件内部的压力，使其产生向下的形变力。这个力量会通过传动机构传递，并克服弹簧的反作用力，使阀芯向下移动，进而减小阀门的开启度，降低流入散热器的水量。

相反，当室温下降时，部分蒸汽会凝结回液体，导致传感器向下的压力降低，此时弹簧的反作用力会使阀芯向上移动，从而增大阀门的开启度。用户可以根据自己对室温的需求，通过旋转调节旋钮来改变弹簧的预紧度，进而调整温度控制器的设定温度。

2.3.1.2 电气式温度控制器

电气式温度控制器是一种集成了感温元件与控制部分的温度管理设备，通常被整合在一个仪表壳体内。这种控制器的感温元件多样化，包括膜盒、温包和双金属片等，使得其在各种温控场合中表现出色，例如风机盘管的控制以及空调箱的防冻功能。其设计简洁且成本效益高，因此广受欢迎。

（1）电气式风机盘管温控器。在电气式风机盘管温控器的应用中，其感温元件采用了特殊设计的感温膜盒，这种膜盒由弹性材料制成并填充了感温介质。环境温度的变化会引起膜盒内介质的压力变动，进而导致膜盒形状的改变。当这种形变产生的力量超过微动开关的反作用力时，便会触发开关的接点动作。此类温控器的控制方式是双位的，用户可以通过"刻度盘"来调整膜盒的预紧力，以达到期望的温度设定值。关于风机盘管温度控制器的接线方式，可参考图2-21进行了解。

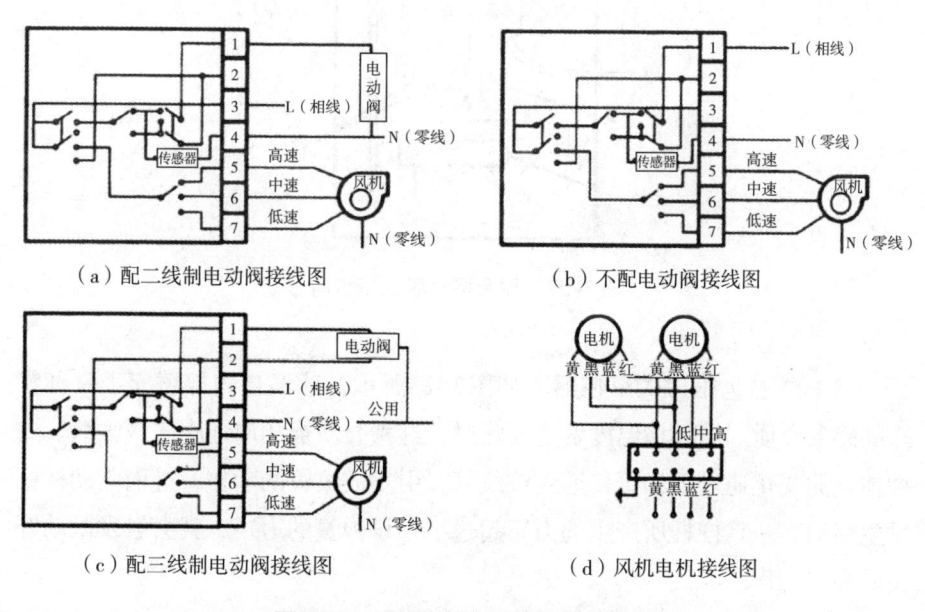

图2-21 风机盘管温度控制器接线图

（2）双金属片温控器。双金属片温控器，其结构如图2-22所示，是依据双金属片在温度变化时产生的形变来工作的。当环境温度发生改变，双金属片会发生形变，进而驱动电接点开关进行相应的动作。为了提升开关的动作速度并防止电弧的产生，设备在固定触点处特别配备了永久磁铁。一旦动触点进入磁场范围，它会被迅速吸引，从而使开关能够迅捷地关闭。

反之，当触点需要打开时，双金属片的反转力则必须克服磁力才能实现触点的分离。这意味着，在温度上升或下降的过程中，开关的"关闭"与

"开启"状态之间存在一个温度间隙,这个间隙被定义为控制器的呆滞区。只有当被测温度超过这个呆滞区时,开关才会迅速动作。值得注意的是,这种温控器的控制特性是双位的。

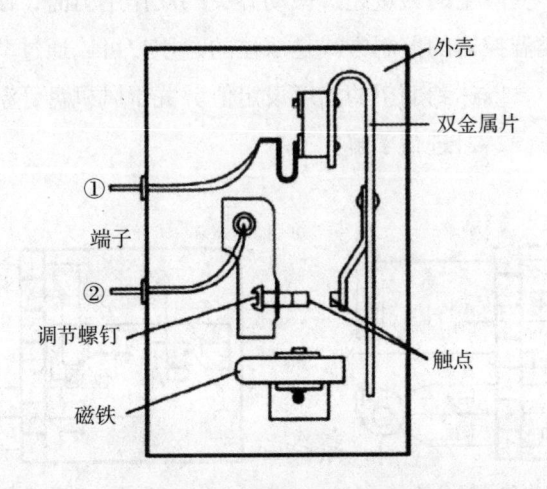

图2-22 双金属片温控器结构

(3)感温包压力式温控器。如图2-23所示,感温包内部填充了一种特殊的感温介质。当环境温度发生变化时,这种介质会相应地膨胀或收缩。这种体积的变化通过毛细管传递到波纹管,引发波纹管的动作,进而驱动杠杆发生移动。一旦杠杆所产生的力矩超过了预设弹簧的力矩,就会触发微动开关的触点动作。

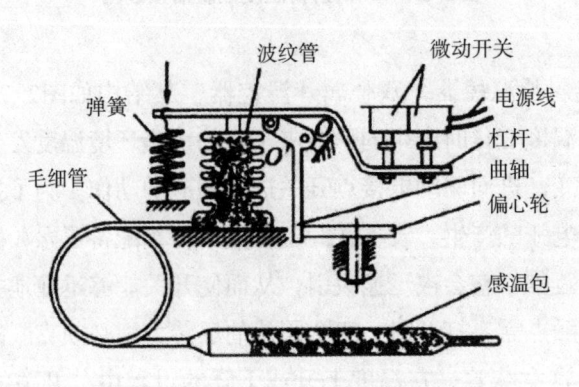

图2-23 感温包压力式温控器结构

2.3.2 模拟电子式控制器

模拟电子式控制器利用模拟电子元件来达成多种控制逻辑，得益于其高精度的测量能力，它能实现多样化的调节策略，不仅可靠性高，而且成本相对较低。因此，在一些简单的控制回路以及需要控制成本的小型系统中，它仍然有着广泛的应用。模拟控制器的信号输出方式可以归结为两种：断续输出和连续输出。断续输出的电子控制器涵盖了双位、三位以及三位比例积分等多种类型。而连续输出的电子控制器则能进行PI或PID控制，其输出的直流信号有多种规格，如0~10mA、4~20mA以及0~10V等。

通常，连续输出的电子控制器的工作流程可以大致划分为几个主要环节，如图2-24所示。首先，测量电路会将来自传感器的热工参数量转化为电信号，随后变送器会将这些信号转换为标准的电信号。这些标准电信号会与预设的参考值进行比较，从而产生偏差信号。这个偏差信号在经过放大处理后，会被送入PID调节器，最终实现PID控制输出。

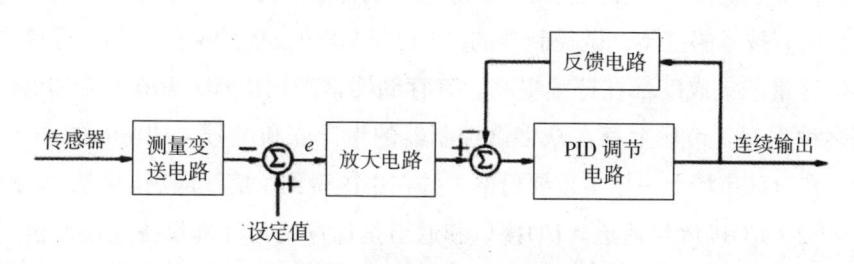

图2-24 连续输出电子控制器流程

2.3.3 直接数字控制器

"数字"一词是指该控制器采用数字技术，并以微处理器作为其核心组件，以实现所需的功能。"直接"一词则表明该设备能够直接在被控设备的近旁进行操作，无须借助其他任何中间设备即可完成测控任务。因此，DDC可以被看作是一个典型的计算机控制系统。它具有高度的可靠性、强大的控制功能以及可编程性等特点。这种系统不仅能够独立地对相关设备进行监控，而且可以通过通信网络接收来自中央管理计算机的统一控制和优化管理指令。

2.3.3.1 直接数字控制器基本结构

DDC控制系统主要由硬件和软件两大部分组成。硬件部分涵盖计算机及其附属设备，具体包含中央处理器、存储器、多样化的接口电路、模拟量与数字量的输入输出通道，以及各种人机交互装置。

（1）单片机。微控制器，也称为单片机，是集成了中央处理器（CPU）、时钟电路、存储器和I/O接口于一体的微型计算机。它还附带了定时、计数、通信和中断处理等功能。作为DDC的核心，微控制器主要负责数据采集、处理、逻辑判断、控制计算以及超限报警等任务。通过特定的接口电路，它能够向整个系统传达各种控制指令，确保系统各部分有序、协调地工作。

随着技术的进步，微控制器的CPU已经从8位发展到64位，其运行速度、存储容量和集成度都在持续提高。其存储器常采用ROM、PROM和EPROM等多种类型。市场上存在众多微控制器的生产商和型号，如Intel的MCS系列，在全球市场上占据了重要份额，并在中国得到了广泛应用。

（2）I/O接口与通道。I/O接口和通道是计算机与外部设备连接的桥梁。常见的I/O接口包括并行和串行两种。而输入输出通道则分为以下四种类型：

①模拟量输入通道（AI），负责将传感器获取的参数，如温度、压力等，通过A/D转换器转化为二进制数据供计算机处理。

②模拟量输出通道（AO），将计算机输出的数字信号通过D/A转换器变为模拟信号，以控制执行机构。

③开关量输入通道（DI），传输各种开关的状态信息给计算机。

④开关量输出通道（DO），将计算机的开关指令传达给各种电子或电磁开关。

（3）人机交互设备。这类装置是操作人员与DDC之间沟通的桥梁。操作人员可以通过它输入或修改控制参数，发出操作指令；同时，DDC也可以通过它向操作人员展示系统运行状态或发出报警。人机交互通常通过小键盘、按钮、LED或LCD显示器实现，或者通过专门的"手操器"进行，这种手操器配备有CPU、存储器、小键盘和LCD显示器，并能与DDC进行交互。

（4）网络通信接口。网络通信接口主要负责实现分散控制系统（DCS）内不同位置与功能的计算机或设备间的数据通信。网络通信接口遵循特定的开放自动控制网络通信协议或标准，确保信息的顺畅交换。

在计算机控制系统中，硬件构成系统的实体基础，而软件则是驱动这个系统高效运作的核心。软件涵盖了操作、监控、管控、自诊断以及计算等一系列功能的程序集合。在软件的统一调度下，整个系统能够有条不紊地协同作业。若按功能对软件进行分类，可划分为系统软件与应用软件。系统软件由计算机制造商提供，旨在有效管理计算机资源，提升用户体验。应用软件则是根据用户的实际控制需求量身定制的程序。

2.3.3.2 数字控制器常见产品类型

直接数字控制器（DDC）是一种利用数字技术实现过程控制的关键设备。从应用角度看，DDC大体上可以分为四类：简易型PID控制器、可编程序控制器（PLC）、专用控制器以及基于BAS平台的DDC现场控制器。

（1）简易型PID控制器。在建筑设备自动化系统中，许多被控参数都通过单回路的PID调节来实现，例如风机盘管的控制或送风温度的控制。为满足这种需求，许多厂商设计了低成本的、包含1~3个PID回路的通用控制器。这类控制器配备了多个模拟输入（AI）、模拟输出（AO）和数字输出（DO）通道。用户只须按照说明书将标准的温度传感器接入AI端口，将电动阀门等执行器接入AO端口的0-10V电压输出，并进行简单的功能参数设置，即可快速构建起一个调节回路。

（2）可编程序控制器（PLC）。PLC，也叫可编程逻辑控制器，是一种电子控制系统。它利用数字化逻辑编程进行工业自动化控制，具有可编程、可扩展、可靠性高等特点。在建筑工程中，PLC接收传感器的信号输入，经过逻辑运算后输出控制信号，从而实现对建筑设备的自动控制。

在建筑设备自动化系统中，PLC广泛应用于：

①电梯系统：PLC可以实现对电梯的精确控制，包括楼层选择、电梯运行速度的调节以及故障检测等功能。它还能监测电梯的负荷变化，以避免超载和故障危险，从而提高运行效率和安全性。

②供水系统：PLC能够自动控制供水设备，如水泵的启停、水箱水位的监测以及供水管道的压力控制等，可以有效地减少供水系统的能耗和维护成本，提高供水系统的可靠性和安全性。

③照明系统：通过PLC的编程，可以实现照明设备的智能控制，包括定时开关、光线感应及照明亮度调节等功能。不仅可以提高照明系统的节能效果，还能提升建筑内部的舒适度和使用便捷性。

④空调系统：PLC可以实现对空调设备的自动控制，如温度调节、风量控制和空调设备的故障检测等。不仅有助于实现空调系统的智能化管理，还能提高能源利用效率，并降低运行成本。

（3）专用控制器。专用控制器是建筑设备自动化系统中针对特定设备或系统设计的控制装置。它具备接收和发送信号、执行控制逻辑、调节设备参数等功能，从而确保建筑设备按照预设的要求稳定运行。专用控制器具有针对性强、稳定性高、易于维护等优点。在建筑设备自动化系统中，专用控制器可应用于：

①空调系统控制器：用于自动调节空调设备的温度、湿度和空气质量，确保室内环境舒适。

②照明系统控制器：根据环境光线和时间自动调节灯光亮度和开关状态，实现节能和舒适的照明环境。

③电梯控制器：负责电梯的调度、运行和平层精度控制，确保电梯安全、高效地运行。

④给排水系统控制器：自动监测和控制水泵、阀门等设备，确保建筑给排水系统的正常运行。

（4）基于BAS平台的DDC现场控制器。BAS平台，即楼宇自动化系统平台，是现代化智能建筑的核心组成部分。像美国ALC的WebCTRL、Honeywell的EBI、江森的METASYS以及西门子的APOGEE等系统，都是基于Web的分布式控制系统，这些系统在中国智能建筑市场上占据了主导地位。

① 网络结构。以WebCTRL系统为例，其网络架构采用了BACnet协议，并包括管理平台、网络控制器（如路由器和Portal网关）、现场控制器以及传感器和执行器。此系统以其开放性、模块化和强扩展性而受到广泛好评。

②现场控制器。在楼宇自动化控制系统中，DDC现场控制器是具备通信能力的关键组件。它直接与传感器和执行器相连，通过下载控制程序，能够独立地对被控对象进行精准控制。以WebCTRL系统中的S6104控制器为例，它配备了强大的电源系统、高效的通信接口、先进的微处理器以及大容量的内存。此外，它还拥有多路数字输出、通用输入以及模拟输出，能够满足各种复杂的控制需求。

③现场控制器的配置与应用策略。合理配置现场控制器对于提升BAS系统的整体性能至关重要。在进行配置时，需要考虑多个方面：首先，要确保设备监控的独立性，避免多个DDC共同控制一个设备；其次，要充分了解并利用每种DDC的特性和用途；同时，还需要考虑DDC的扩展性，以便在未来根据需要进行扩展；再次，为了应对可能出现的额外需求，应保留一定的余量；最后，还需要考虑被控设备的位置和传输距离，确保在规定的范围内进行有效控制。

思考题

1. 建筑设备自动化系统中常用的传感器有哪些类型？请列举并简述其应用。
2. 热电偶和热电阻传感器的工作原理有何异同？各自适用于哪些场景？
3. 湿度传感器在建筑设备自动化系统中有什么作用？
4. 基于气敏半导体的CO_2传感器和基于红外吸收型的CO_2传感器的工作原理分别是什么？
5. 请简述执行器在建筑设备自动化系统中的作用。
6. 建筑设备自动化系统中常用的控制器有哪些？各用于什么场合？

第3章 建筑给排水系统

建筑给排水系统是建筑物内不可或缺的工程系统,主要负责满足建筑物内外的用水需求并排除废水、雨水等污水。供水系统通过引入管、水表节点、给水管网等组件,将城镇给水管网或自备水源的水引入室内,并供应给生活、生产和消防等用水设备,确保满足各用水点对水量、水压和水质的要求。排水系统则负责排除建筑物内的污水,通常由卫生器具、排水管道、清通设施等组成,确保污水能迅速安全地排出室外。

3.1 建筑给水系统

3.1.1 建筑给水系统分类及组成

3.1.1.1 建筑给水系统的分类

建筑给水系统是建筑物中不可或缺的一部分,它确保了建筑物内各种用水的需求得到满足。根据不同的供水对象,建筑给水系统可以细分为生活给水系统、生产给水系统和消防给水系统这三大类别。

（1）生活给水系统是为了满足民用建筑和工业建筑内人们日常生活用水需求而设置的。这些用水需求包括饮用、盥洗、洗涤、淋浴等。生活给水系统的重要性不言而喻，因为它直接关系到人们的日常生活质量和健康。因此，生活给水系统所供应的水质必须严格符合国家规定的生活饮用水水质标准，确保用水的安全性和卫生性。此外，生活给水系统的用水量通常呈现不均匀的特点，早晚高峰时段用水量大，而夜间用水量则相对较小。

（2）生产给水系统则是为了满足工业企业生产过程中对水的需求而设置的。这些用水需求可能包括锅炉用水、原料产品的洗涤用水、生产设备的冷却用水、食品的加工用水、混凝土的加工用水等。由于不同生产工艺对水质和水压的要求不同，因此生产给水系统需要根据具体生产工艺的要求来设计和配置。一般来说，生产给水系统的用水量相对均匀，用水也有一定的规律性，但水质要求差异较大。

（3）消防给水系统是为了满足建筑物在火灾发生时扑灭火灾的用水需求而设置的。虽然消防给水系统对水质的要求并不高，但它必须根据《建筑设计防火规范（2018年版）》（GB 50016—2014）的要求，确保在火灾发生时能够提供足够的水量和水压。因此，消防给水系统的主要特点是对水质无特殊要求，但在短时间内需要提供大量的水，并且压力要求高。

3.1.1.2 建筑给水系统的组成

建筑内部给水系统是一个复杂但至关重要的系统，它确保了建筑内部各种用水需求得到满足。

（1）引入管（进户管）。引入管是连接市政给水管网和建筑内部给水管网的桥梁。它负责将市政管网中的清洁水引入建筑内部，为建筑内部的各类用水设备提供水源。引入管的位置选择至关重要，通常根据建筑的特点和用水需求来确定。例如，在用水点分布不均匀的情况下，引入管应设置在用水量最大或不允许断水的地方；而在用水点分布均匀的情况下，则可以从建筑的中间引入。此外，为了确保供水的可靠性和安全性，当消火栓数量较多或不允许断水时，需要引入多条引入管。

（2）水表节点。水表节点是引入管上的一个重要组成部分，它包括水表、阀门、泄水装置和止回阀等。水表用于计量建筑的总用水量，阀门用于在需要时关闭管路，以便进行水表的检修和更换。泄水阀则用于在系统检修时排空管道中的水。止回阀则用于防止水流倒流，确保水流的单向性。这些装置共同保证了水表节点的功能性和安全性。

（3）给水管道。给水管道是建筑内部给水系统的主干部分，包括水平干管、立管和支管。它们负责将水从引入管输送到各个用水点。给水管道的设计和安装需要考虑到水流的压力、流量和速度等因素，以确保水能够顺畅地流动并满足各种用水需求。同时，给水管道的材料也需要具有良好的耐腐蚀性和耐久性，以确保系统的长期稳定运行。

（4）配水装置和附件。配水装置和附件是建筑内部给水系统的末端部分，包括配水龙头、各类阀门、消火栓、喷头等。它们负责将给水管道中的水分配到各个具体的用水设备上。这些装置和附件的选型和安装需要考虑到使用频率、安全性、卫生性和节能性等因素，以确保用户的舒适性和安全性。

（5）增压、贮水设备。当室外给水管网的水压或水量不能满足建筑内部给水要求时，需要设置增压、贮水设备。这些设备包括水泵、气压给水设备和水池、水箱等。它们可以通过提高水压或储存水量的方式来满足建筑内部的用水需求。同时，这些设备还可以确保供水压力的稳定性和供水安全的可靠性。

（6）给水局部处理设施。当建筑对给水水质有较高要求或由于其他原因导致水质不能满足要求时，需要设置给水局部处理设施。这些设施包括各种深度处理设备、构筑物等，它们可以对水进行进一步的净化和处理，以满足建筑内部对水质的要求。这些设施的选择和设计需要根据具体的水质要求和工艺要求来确定。

3.1.2 给水压力与给水方式

3.1.2.1 给水压力

在建筑给水系统的设计过程中，确定所需的水压是至关重要的，因为它直接关联到能否将水有效地输送到建筑物内最不利点的用水设备处，并确保满足用水设备的流出水头要求。

以下是两种水压计算方法：

（1）详细计算法。建筑内给水系统所需水压通过$H=H_1+H_2+H_3+H_4$计算。其中，H_1是最不利点与室外引入管起点的标高差；H_2是沿程和局部水头损失之和；H_3是水表损失；H_4是最低工作压力。注意单位换算：$10mH_2O=100kPa=1$大气压。

（2）经验估算法。在方案设计或初步设计阶段，对于层高不超过3.5m的民用建筑，采用公式$H=120+40×（n-2）$估算。其中，n是楼层数。此估算需要基于3m基准进行折算。

这两种方法能为给水系统设计提供重要依据。

3.1.2.2 给水方式

给水方式是指建筑内部（包括住宅小区）给水系统在具体设计和布置时所采用的实施方案，详细描述了给水系统的组成和布局方式。常见的室内给水方式有以下几种。

（1）直接给水方式。直接给水方式（图3-1）是指建筑内部给水系统直接连接到室外给水管网，利用室外管网提供的压力和水量满足建筑内部用水需求，无须额外增压设备。该方式构造简单、经济实惠、维修方便，且减少了污染风险。但缺乏储水装置，当室外管网停水时则无法供水。适用于室外管网供水稳定的多层建筑，高层或供水压力不稳定地区需要结合其他增压设备。

（2）单设水箱的给水方式。当室外管网在高峰时段无法满足建筑用水需求，且建筑具备设置高位水箱条件时，可采用高位水箱给水方式（图3-2）。该方式结合室外管网压力和高位水箱储备能力，降低能耗、保障高峰供水，并减轻市政管网负荷。但需要注意水箱占用空间、增加结构负荷，且需要定期维护确保水质。适用于周期性供水不足的建筑，如居住小区、学校等。设计时需要综合考虑管网条件、用水需求和水箱维护等问题，确保系统稳定可靠、水质安全。

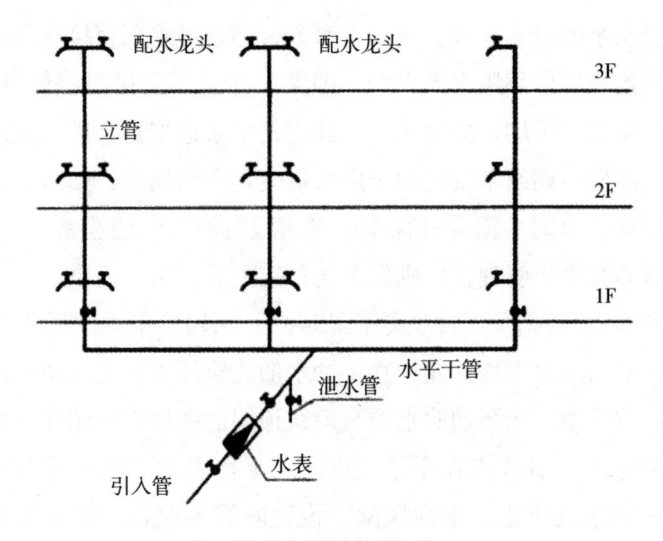

图3-1 直接给水方式

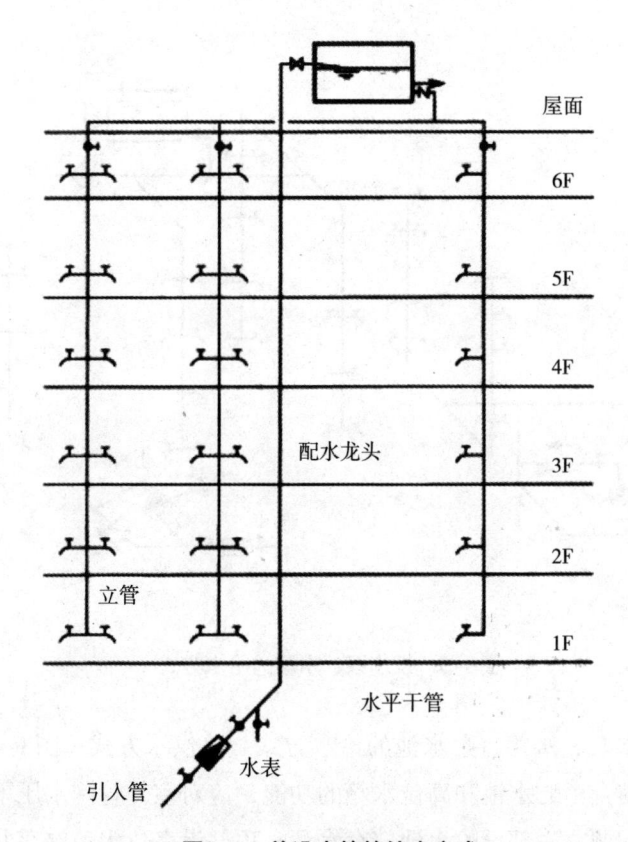

图3-2 单设水箱的给水方式

（3）单设水泵的给水方式。增压供水方式是通过水泵直接从市政管网抽水并加压以满足建筑内部用水需求的一种供水方法。适用于室外管网水压不足或室内用水量大、不均匀的建筑物。其中，水泵选型是关键，恒速泵适用于均匀用水，而变频调速泵则适用于用水量变化大的场合，如高层住宅和办公楼。采用增压供水时，需要确保不影响市政管网，合理选型、配置水泵，并加强维护保养和水质管理，以确保系统稳定可靠、供水安全。

（4）设水泵、水箱的给水方式（图3-3）。水箱给水方式适用于室外管网水压不足、室内用水不均且允许直接抽水的建筑环境，尤其是老旧建筑或特定场合。该方式中，水泵抽取水源至建筑顶层的高位水箱储存，再通过重力供水至各用水点。其优点在于稳定供水、平衡用水不均，但需要注意空间占用、维护需求及供水、水质风险。设计时需要综合考虑室外管网、室内用水需求、建筑结构和维护便利性，确保系统高效稳定安全。

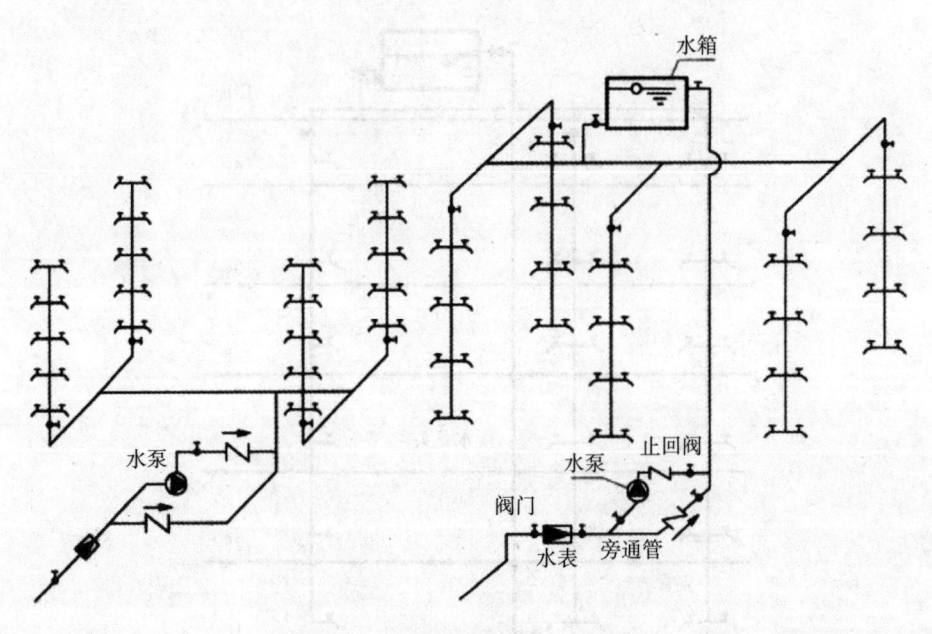

图3-3 设水泵、水箱的给水方式

（5）设水泵、水箱、贮水池的给水方式。该供水方式（图3-4）常见于高层建筑，结合了贮水池和高位水箱的功能，应对室外管网水压不足和室内用水不均的问题。底部设贮水池储存水源，顶部设高位水箱储存并调节供水压力。水泵抽取底部贮水池的水送至高位水箱，再由水箱供水至各用水点。这种方式确保了在室外管网水压不足时，建筑内部也能获得稳定供水。该方式虽安全可靠，但系统复杂，成本高，维护安装不便，且设计不当可能导致供水不足或水质问题。适用于高层建筑和关键设施，设计时需要综合考虑水压、水量、建筑结构等因素，确保系统高效、稳定、安全地运行。

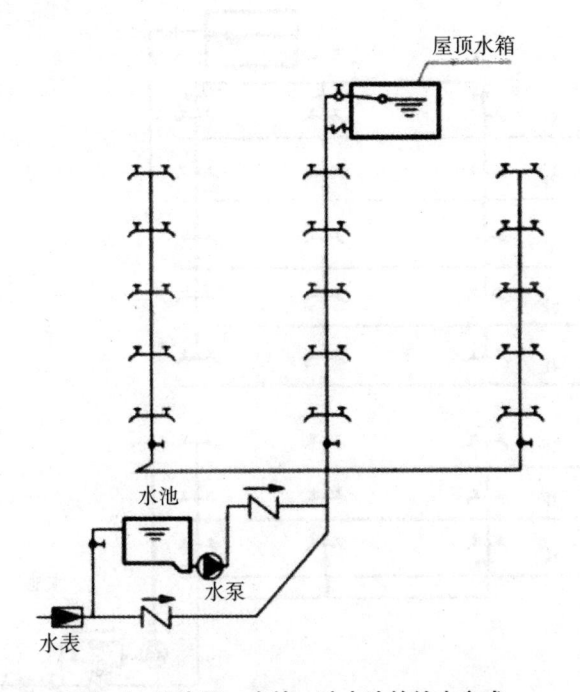

图3-4 设水泵、水箱、贮水池的给水方式

（6）气压给水方式。气压给水装置是一种高效的供水方案，特别适用于室外管网压力不足、室内用水不均且不宜设置高位水箱的场合。其核心是密闭的压力水罐，利用气体可压缩性贮存、调节和升压送水。装置能贮存水量、调节压力并控制水泵运行，具有防污染、体积小、节能等优势，适用于管网压力不稳定或用水需求不均的场合，如高层建筑和公共场所，确保稳定供水。

（7）分区给水方式。分区供水方式将建筑物分为上下供水区域，下区直接利用城市管网水压为低层用户供水，而上区则通过水箱和水泵联合供水，保障高层用户用水需求（图3-5）。水箱不仅储存水应对高峰需求，还调节进水压力，水泵则负责提升和输送水源。这种方式适用于多层和高层建筑，特别是当室外管网水压满足下层需求时，经济且实用。它降低了系统复杂性和运行成本，同时确保低层用户高峰时段供水稳定。

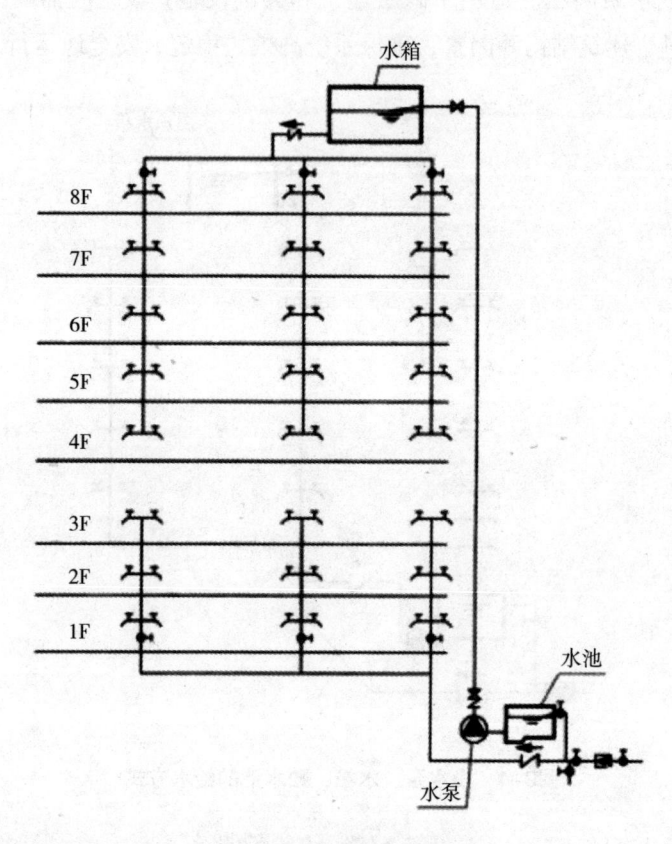

图3-5　分区给水方式

（8）分质给水方式。在现代建筑设计中，为了满足不同用水点对于水质的不同需求，通常会采用分质给水系统。该系统将供水系统细分为独立的饮用水和杂用水子系统。饮用水系统直接供应经过严格消毒和处理的自来水，确保居民饮用安全；而杂用水系统则通过水处理装置去除自来水中的杂质和有害物质，满足冲洗、清洁和绿化等需求。这种设计能确保各用水点的水质安全可靠，且各系统互不干扰，提高供水稳定性和可靠性，适用于医院、学校、酒店等建筑。

3.1.3　给水升压和贮水设备

3.1.3.1　水泵

离心式水泵是建筑给水系统的关键升压设备，其结构简单、效率高、运行稳定，广泛应用于各类建筑。它由转动、固定和防漏密封部分组成，通过离心力驱动液体流动实现连续输送和升压。在选择水泵时，须考虑流量、扬程、轴功率、效率、转数及允许吸上真空高度等参数，确保满足建筑给水需求并符合节能原则。

安装水泵时，须进行放线定位、基础施工、吊装固定、二次灌浆、附件安装和试运转等步骤，确保水泵及其相关附件的安装质量和运行稳定性。设计水泵系统时，应考虑每台水泵的独立性、流速控制、能耗降低、噪声减小以及泵房的合理布局等因素，以保障系统的安全、高效和可靠运行。

3.1.3.2　贮水池

贮水池在建筑给水系统中至关重要，用于调节和贮存水源，确保供水系统稳定运行。它们通常由耐用材料如砖石、钢筋混凝土或不锈钢建造，以承受各种环境压力。通常设置于地下室或室外泵房附近，以减少水泵扬程和能耗，并便于管理维护。为确保安全运行，须采取防渗和防冻措施。设计时应考虑水流动态特性，保持水流动避免滞流。

为提高实用性和维护效率，常分为多格独立工作。特殊场所如游泳池也可兼作消防贮水池。当生活、生产用水与消防用水共用时，须采取措施确保消防用水的可靠性和安全性，如设置溢流墙或透气小孔，以防生活、生产用水占用消防用水空间。

3.1.3.3　吸水井

当建筑给水系统因特定原因（如水质要求、水源保护、管道压力等）不能直接从室外给水管网吸水,且无须设置专用贮水池时,通常会选择设置吸水井作为过渡和缓冲设施。吸水井一般位于地下,可设于室内或室外,须严格密封和防护以防污染和渗漏。设计时,应确保吸水井的容积不小于最大水泵3min的出水量,以保证供水的连续性和稳定性。同时,吸水管的布置应满足水泵吸水要求,并考虑井壁强度、稳定性和防水措施,以确保吸水井的安全可靠。

3.1.3.4 水箱

水箱在建筑给水系统中至关重要,常见形状有矩形和圆形,材料包括不锈钢、钢筋混凝土、玻璃钢和塑料,各有优势。高位水箱因具有保证水压和调节水量的作用而广泛应用,通常设置于建筑最高点,通过重力供水。矩形高位水箱须合理布置进、出、溢、放和通气管,并配备浮球阀、检修人孔、爬梯和液位计等附件。设置时须考虑稳定水压、密封性和支撑结构,并设置阀门和止回阀以便于管理。

在水箱的设计和安装中,各部件的功能和布局至关重要。进水管负责引入水源,并须设置自动水位控制阀;出水管取水时避免底部沉淀物,并减少水流冲击力;溢流管在超水位时排水,并设网罩防异物;信号管反映水位异常报警;泄水管用于排空水箱,不直接连接排水系统;通气管保证空气流通并防昆虫。水箱容积须满足生活、生产和消防储水需求,并采取措施确保消防水不被挪用。同时,定期清洗和消毒确保水质。

3.1.4 给水管材及附件

3.1.4.1 给水管材

室内给水常用管材有金属管材、塑料管材、复合管材等。

(1) 金属管材。铸铁管,一种由生铁制成的黑色金属管,分为普通灰口和球墨两种，以其耐腐蚀、长寿命和低价格而著称，但质地脆、长度有限、重量大，更适合地下埋设。连接方式有承插和法兰。钢管，同为黑色金属管，分焊接和无缝两种，其中无缝钢管因无焊缝特性常用于工业给水系统。钢管连接方式多样，包括螺纹、焊接、法兰等，适用于不同安装和检修需求。铜管，因其美观、豪华和稳定的化学性能受到青睐，能在极端温度环境中长期使用，寿命长，常用于高级建筑。铜管连接方式也多样，对施工质量要求较高。

（2）塑料管材。塑料给水管，包括聚乙烯管（PE管）、硬聚氯乙烯管（UPVC管）、工程塑料管（ABS管）和改性聚丙烯管（PP-R管），因质轻、耐腐蚀、内壁光滑和长寿命等优点，成为建筑给水主流。PE管分高密度（HDPE）、低密度（LDPE）和交联（PEX）型，适用于室外埋设，连接方式多样。UPVC管强耐腐蚀、价廉，但限温45℃内，常用胶黏剂连接。ABS管化学稳定、机械强度高，适用于-20~70℃，用胶黏剂黏合。PP-R管抗冲击，家装常用，可回收，热熔连接为主。这些管材共同满足现代建筑给水需求。

（3）复合管材。复合管是结合不同材料特性的管材，主要有钢塑复合管（内外壁聚乙烯，中间钢材骨架，适用于-30~100℃，连接方式多样）、铝塑复合管（内外壁聚乙烯，中间铝合金骨架，长期使用温度95℃，热膨胀系数小，螺纹卡套压接连接，用于冷热水系统）和铜塑复合管（外层塑料，内层铜管，配铜质管件，连接方式多样，用于星级宾馆热水系统）。给水管件是管道系统中重要的连接部件，包括同径管箍（连接等径管）、异径管箍（连接异径管）、丝堵（堵塞管道口）、弯头（改变管道方向）、三通（管道分支和汇合）和四通（管道十字形分支）。这些管件根据接口形式分为带螺纹、法兰和承插接头等，以适应不同管材和连接需求。

3.1.4.2 给水附件及水表

给水附件是给水管网系统中不可或缺的一部分，它们用于调节水量和水压、控制水流方向以及关断水流。这些装置大致可分为配水附件、控制附件和水表。

（1）配水附件。配水附件是给水系统中负责调节和分配水流的关键组件。在建筑给水系统中，常用的配水附件主要是各种类型的水龙头。水龙头，作为"水嘴"的俗称，其主要功能是控制水流的大小和开关，同时具备一定的节水效能。

（2）控制附件。控制附件在给水系统中起关键作用，包括闸阀、截止阀、蝶阀、止回阀、浮球阀、安全阀和减压阀等。闸阀适用于大管径或双向流动，压力损失小；截止阀关闭严密但阻力大，适用于小管径或单向流动；蝶阀通过旋转控制水流，结构简单灵活；止回阀用于单向流动，须注意安装方向；浮球阀根据液位变化自动启闭，常用于水箱等；安全阀确保系统安全；减压阀降低高压为低压，满足系统水压需求。这些附件共同调节水量、水压和关断水流，确保给水系统正常运行。

（3）水表。水表是计量建筑物或设备用水量的关键仪表，主要分为流速式和容积式。流速式水表基于水流速度与流量成正比原理，广泛用于建筑内部给水系统，包括旋翼式和螺翼式，前者适用于小口径水管和小流量，后者更适宜大流量。新型水表如电子水表、IC卡水表、远程水表等已逐渐普及，便于供水管理。选择水表时，技术参数如流通能力、特性流量、最大流量、额定流量和最小流量至关重要。小口径管道宜用旋翼式水表，大口径管道适用螺翼式水表。热水计量须选用热水水表。新建住宅分户水表公称直径常选15mm，若配备自闭式大便器冲洗阀，则不宜小于20mm。

3.1.5 给水管道的布置和敷设

3.1.5.1 给水管道的布置

在给水管网系统布置中，须遵循高效、安全、经济和美观的原则。系统应简短以减少能耗和成本，同时注重经济性、美观性和维修便利性。布置形式多样，如枝状管网、环状管网和混合管网，适用于不同地形、建筑布局和供水需求。水平干管可上行下给（图3-6）或下行上给（图3-7），供水可靠程度有枝状和环状（图3-8）之分，管道有明装和暗装两种方式。无论哪种形式，都须确保给水管网系统的整体安全、高效、经济和美观。

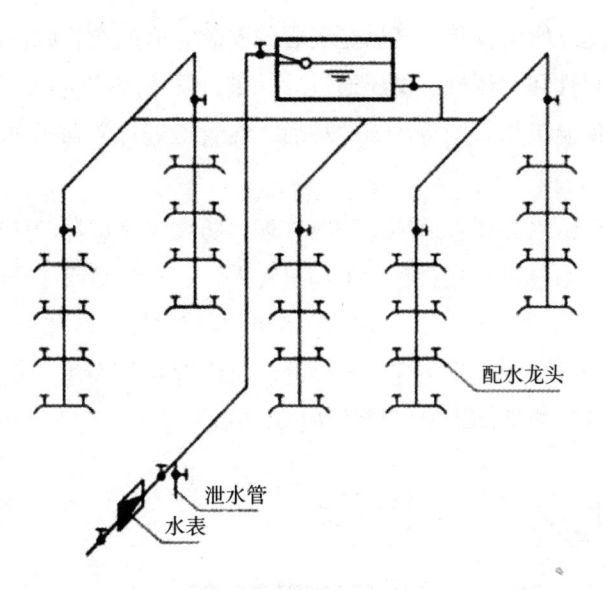

图3-6　上行下给式

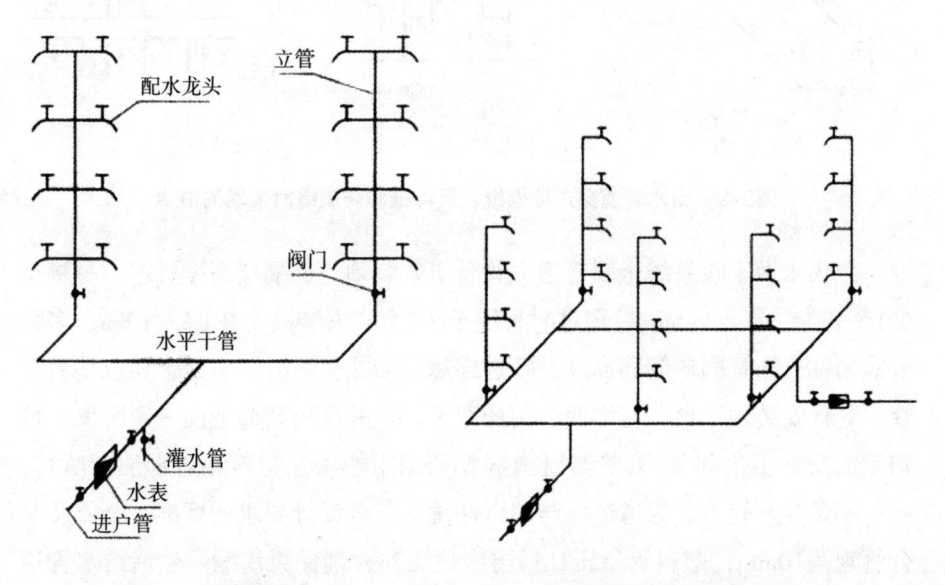

图3-7　下行上给式

图3-8　环状供水

3.1.5.2 给水管道的敷设

安装准备阶段涉及预留孔洞，随后进行预制加工。接下来是主管道的安装，紧接着是立管的安装，然后是支管的安装。完成安装后，进行管道试压以确保其密封性和耐压性。试压通过后，进行管道的防腐处理以增强其耐久性，并进行保温工作以维持水温。最后，对管道进行消毒和冲洗，确保管道内部的卫生和安全。

室内直埋给水金属管道须做防腐处理，防腐层应符合设计要求，可选沥青涂层和玻璃布包覆。当穿越地下构筑物外墙、水池壁或屋面时，须用防水套管确保封闭性和密封性，防水套管分刚性和柔性，具体依设计和需求选择。管道布局设计中应避免穿越伸缩缝、沉降缝和防震缝，必要时采取螺纹弯头、软管接头或活动支架等措施（图3-9）。

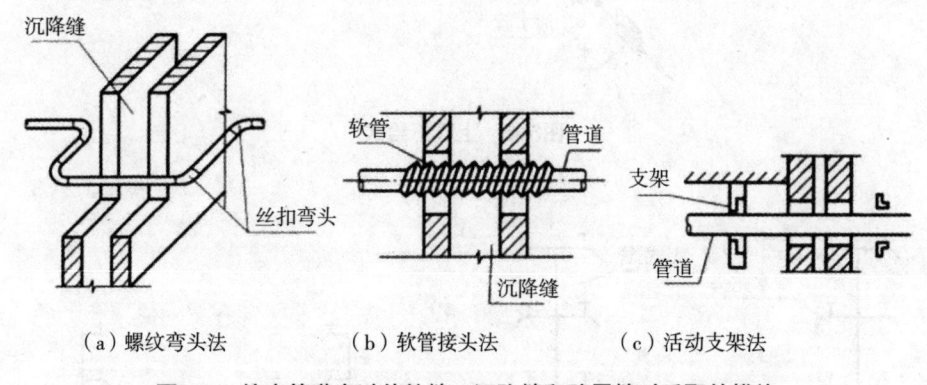

（a）螺纹弯头法　　　（b）软管接头法　　　（c）活动支架法

图3-9　给水管道穿过伸缩缝、沉降缝和防震缝时采取的措施

冷热水及采暖系统金属管道立管管卡安装须遵循楼层高度要求，每层至少1个管卡（楼层≤5m），超过时每层至少2个，安装高度在1.5~1.8m，多管卡应匀称分布且同房间同高度。管道穿越墙壁或楼板时，应设金属或塑料套管，套管安装须平整，与墙面、装饰面平齐，并高出装饰地面一定距离（特别是厨房、卫生间）。套管与管道缝隙须用阻燃密实材料和防水油膏填实，接口不设在套管内。管道试压与消毒冲洗须符合设计要求或标准，金属及复合管观测10min，塑料管稳压1h后再次稳压2h，确保无渗漏。生活给水管道使用前须彻底冲洗消毒并通过检验。

3.1.6 高层建筑给水系统

高层建筑因其高度、层数、面积和功能的复杂性，对室内给水系统设计、施工及运行管理提出了更高要求。为满足其给水需求，通常采用并联、串联或减压等给水方式，确保稳定供水，同时满足安全和效率要求（图3-10）。

3.1.6.1 并联给水方式

（1）高位水箱分区并联给水方式。该供水系统具备显著优点，包括各区供水系统独立运行，互不干扰，从而确保了供水的稳定性；水泵集中设置，极大地方便了日常的维护和管理；以及相较于其他系统，其能耗较低，更加节能环保。然而，该系统也存在一些缺点，如需要使用多种型号的水泵，这在一定程度上增加了系统的复杂性和投资成本；同时，高位水箱的设置占用了楼层的使用面积，降低了空间的利用率。

（2）分区无水箱并联给水方式。该供水系统具有显著优点，实现了各区供水系统的独立运行，互不干扰，确保了供水的可靠性。水泵集中设置，简化了日常的维护管理过程。同时，该系统不需要设置高位水箱，有效避免了楼层使用面积的占用。然而，该系统也面临一些挑战，如需要使用多种型号的水泵，增加了系统的复杂性和投资成本。相较于带有水箱的系统，其能耗相对较大。

3.1.6.2 串联给水方式

串联给水方式的优点在于其设备和管道设计相对简单，主要依赖垂直管道连接不同楼层的供水，减少了水平管道使用，简化了系统结构，进而降低了投资成本。同时，由于水从底层水箱直接供给各楼层，减少了水泵扬程，能耗较小。然而，其缺点也显而易见：上区供水受下区限制，供水可靠性不高，一旦底层水箱或某个环节出现问题，整个系统都可能受到影响。此外，水泵设置在上层，对防振动和防噪声的要求较高，以免对上层用户造成困扰。此外，每层设置的水箱不仅占用楼层面积，还增加了建筑的结构负荷，可能对建筑稳定性和安全性产生影响。

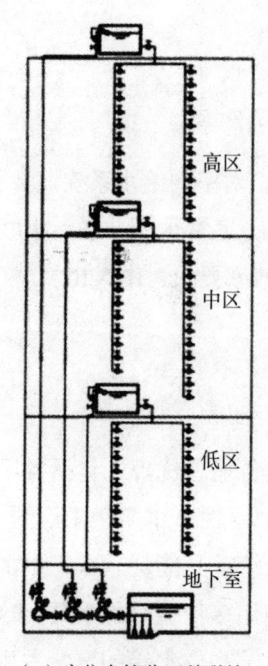

(a) 高位水箱分区并联给水方式

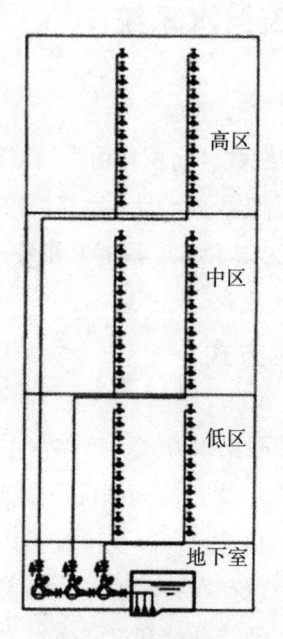

(b) 分区无水箱并联给水方式

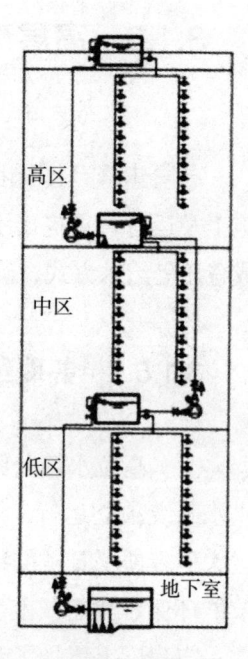

(c) 串联给水方式

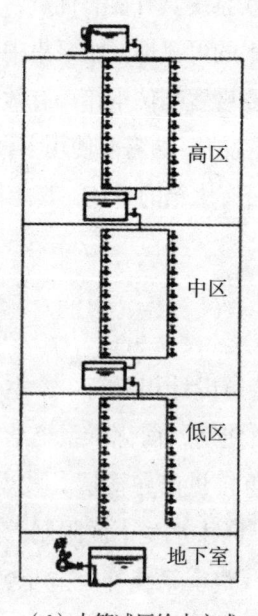

(d) 水箱减压给水方式

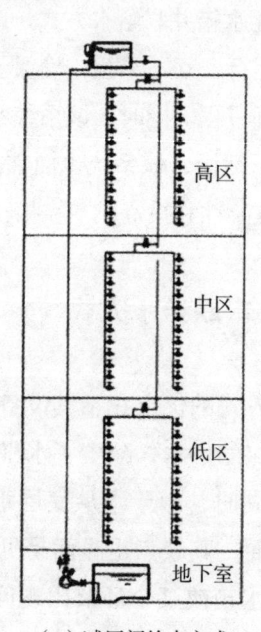

(e) 减压阀给水方式

图3-10 高层建筑给水方式分类

3.1.6.3 减压给水方式

（1）水箱减压给水方式。采用水箱减压给水方式的优点在于水泵台数少，这得益于水箱的储水和调节功能，从而简化了系统配置和降低了设备管理和维护的复杂性。然而，其缺点也不容忽视：水泵需要较高的扬程以将水提升至高层水箱，这不仅增加了水泵的运行难度和能耗，还导致了运行费用较高。此外，为了满足高层用户的供水需求，最高层的水箱通常需要具备较大的容积，这不仅占用了宝贵的建筑空间，还增加了建筑的结构负荷。

（2）减压阀给水方式。减压阀给水方式能够通过减少水泵台数简化系统配置，使设备管理维护更为简单。同时，采用减压阀代替水箱，不仅节省了建筑空间，还避免了水箱带来的结构负荷问题。然而，其水泵扬程大，增加了运行难度和能耗，导致运行费用较高。

3.2 建筑排水系统

3.2.1 排水系统的分类、组成和排水方式

3.2.1.1 排水系统的分类

建筑排水系统不仅关乎建筑内部的卫生环境，还与城市的水资源管理、环境保护紧密相连。

（1）生活排水系统。生活排水系统处理人们日常生活中的污水和废水，这些废水主要源于卫生间、厨房和洗衣房等家庭活动区域。生活污水因含有有机杂质和细菌，须通过城市污水处理厂深度处理，达标后方可排入自然环境中。而生活废水，如洗菜水、洗衣水等，污染程度较低。面对水资源紧

张，现代建筑开始采用废水回收系统，对废水进行处理，再用于冲厕、浇灌植物等非饮用目的。这一创新举措不仅减少了对清洁水源的依赖，还有效地利用了废水，促进了水资源的可持续利用，对保护环境具有重要意义。

（2）工业废水排水系统。工业废水排水系统针对的是工业生产过程中产生的污废水。这些废水因生产种类和工艺的不同，其水质差异极大。有些废水含有有毒有害物质，对环境和人体健康构成严重威胁。生产污水，如含有重金属、有毒化学物质等的废水，必须经过严格的工厂内部处理，确保达到国家和地方规定的排放标准后，才能排入城市排水系统。而生产废水，如冷却水、清洗水等，其污染程度相对较低，经过简单处理后即可回收利用或排入河流。

（3）雨水排水系统。随着城市化进程的加快，暴雨导致的城市内涝问题日益严重。现代建筑在设计雨水排水系统时，不仅要考虑排水效率，还要注重雨水的收集和利用。例如，通过设置雨水花园、透水铺装等绿色基础设施，增加地表的渗透能力，减少径流产生，从而缓解城市内涝问题。

3.2.1.2 排水系统的组成

建筑排水系统是一个复杂而关键的系统，其主要目的是有效地收集和处理建筑物内产生的污废水，并确保其顺畅排放至外部排水管道系统。该系统一般由几个关键部分组成，建筑排水系统是一个复杂而精密的体系，起始于污废水受水器，这些容器用于收集和排放建筑物内产生的污废水，种类包括各种卫生器具和工业废水收集设备。

随后，污水通过由高密度聚乙烯、金属或混凝土等材质制成的排水管网迅速而安全地排出室外，这些管道包括器具排水管、横支管、立管以及埋设在地下的干管和排出管。为了确保排水系统内的空气流通和压力稳定，通气管的设置至关重要，它们能有效防止水封破坏并排放管道内的有害气体。

此外，清通设备如管道疏通器和清洗泵等被用于定期清理和维护管道，以保持其畅通无阻。在需要将低处或远处的污废水提升至高处或远处时，提升设备如水泵则发挥了关键作用。

最后，污水局部处理构筑物如格栅、沉砂池等负责对污水进行初步的物理、化学或生物处理，以去除有害物质，提高污水的可处理性和可排放性，从而确保整个排水系统的顺畅运行和保护水质（图3-11）。

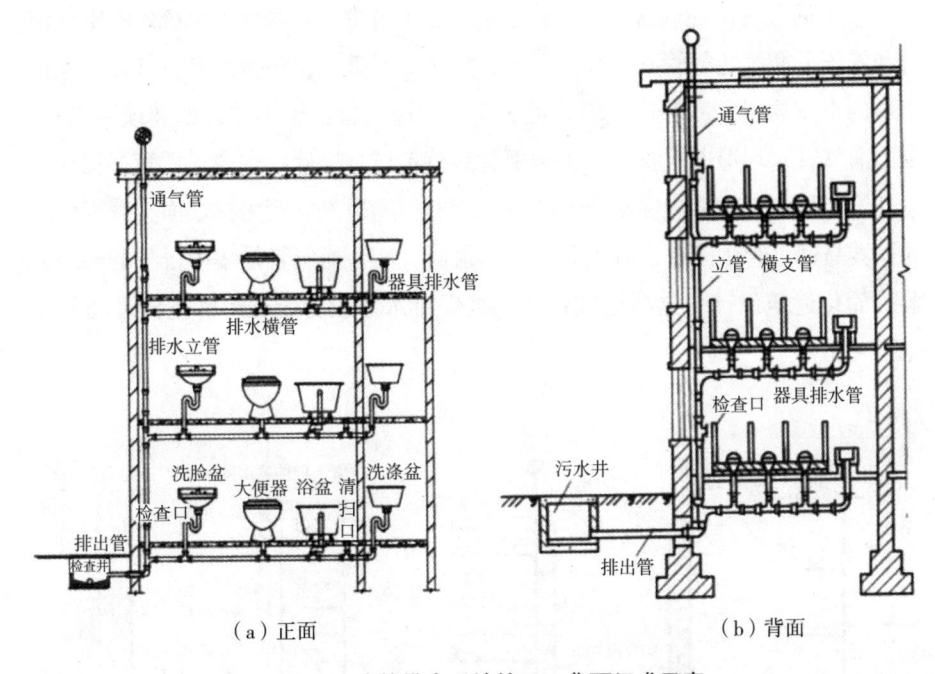

图3-11 建筑排水系统的正、背面组成示意

（1）污废水受水器。污废水受水器是建筑排水系统的关键起点，主要功能在于承接各类用水活动产生的废水、废物，并将其有效排入排水系统。日常生活中，如马桶下水道、洗脸盆下水道和浴池下水道等卫生器具，分别针对人体排泄物、洗手洗脸废水及洗浴废水进行收集和排放，其设计均考虑到了废水的特性和卫生需求。此外，工业废水的收集和排放设备也是污废水受水器的重要组成部分，这些设备根据工业生产特点和废水性质定制设计，确保废水得到有效收集、处理和排放，保障生产顺利进行和保护环境安全。

（2）排水管。排水管系统是建筑物中不可或缺的部分，它负责将污水从各种卫生器具和用水设备迅速、安全地排放至室外。该系统由器具排水管、排水横支管、排水立管、排水干管和排出管等组成，形成了一个完整的排放网络。污水通过这些管道被有效引导至建筑物底部或地下的干管，最终排入室外排水系统或处理设施。除了排放功能外，排水管系统还要注重安全和卫生，采用合理设计和优质材料确保顺畅排放和系统稳定。为确保其长期有效运行，系统还须定期维护和检查。

（3）通气管。通气管在排水管系统中必不可少，它确保了系统内的空气流通和气压平衡。通气管不仅补充空气、防止水封破坏，还排出有害气体，保持管道内空气质量，减轻废气对管道的腐蚀。通气管类型多样，如伸顶通气管、专用通气管、环形通气管等，每种都针对特定场合设计。主通气立管连接环形通气管和排水立管，确保整个系统空气流通；副通气立管为排水横支管提供通气；器具通气管则防止自虹吸和噪声。最后，汇合通气管是集中排气的解决方案，简化建筑设计。这些通气管共同确保排水系统稳定运行和室内环境舒适（图3-12）。

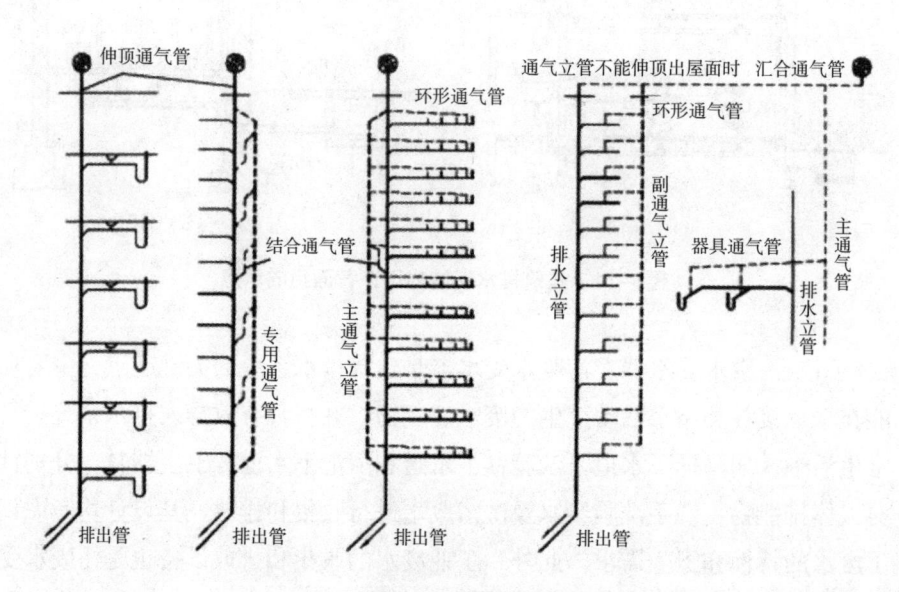

图3-12 建筑排水系统通气方式示意

（4）清通设备。在建筑排水系统中，为确保畅通无阻，必须设置清扫口、检查口和室内检查井等清通构筑物以应对污水杂质可能导致的堵塞问题。清扫口通常设在排水横管上，特别是在横支管起点或连接多个卫生器具的污水横管上，便于清理（图3-13）。检查口是带有盖板的短管，设置于排水立管及长水平管段上，底层和设有卫生器具的高层建筑排水立管上必须设置，每隔两层设置一个，方便检查和清理。室内检查井则适用于不散发有害气体的工业废水管道，但在生活污水管道中通常不设置以避免可能带来的不便和卫生问题。这些清通构筑物是保障排水系统正常运行的关键措施。

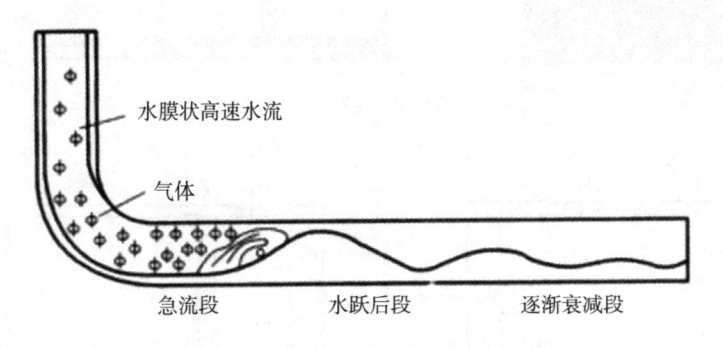

图3-13 排出横管中水流状态示意图

（5）提升设备。当民用建筑的地下室、人防建筑、工业建筑等内部产生的污废水无法自然排放至室外时，必须设置污水提升设备。这些设备通常安装在污水泵房（泵组间）内，以确保污水能够顺利排出。

建筑内部污废水的提升设计涉及多个方面，包括选择合适的污水泵、确定污水集水池（进水间）的容积以及污水泵房的整体设计。在污水泵的选择上，常用的类型包括潜水泵、液下泵和卧式离心泵，这些泵型根据具体的使用环境和排水需求进行选择。通过合理的设计和选型，可以确保污水提升设备的高效运行，从而保障建筑内部环境的卫生和清洁。

（6）污水局部处理构筑物。在特定情况下，当室内污水含有污染物质不能直接排放时，须设置局部处理构筑物进行预处理（图3-14）。常用的包括化粪池（利用沉淀和厌氧发酵去除悬浮性有机物，适用于小城镇生活污水处理）、隔油井（通过降低流速、改变水流方向去除油污，适用于食品加工、餐饮厨房和车库冲洗污水）和降温池（当排水温度超过40℃时，通过室外设置降温池冷却处理，确保符合城市排水管道温度规定）。这些构筑物能有效处理污水，保障排放合规。

(a) 化粪池

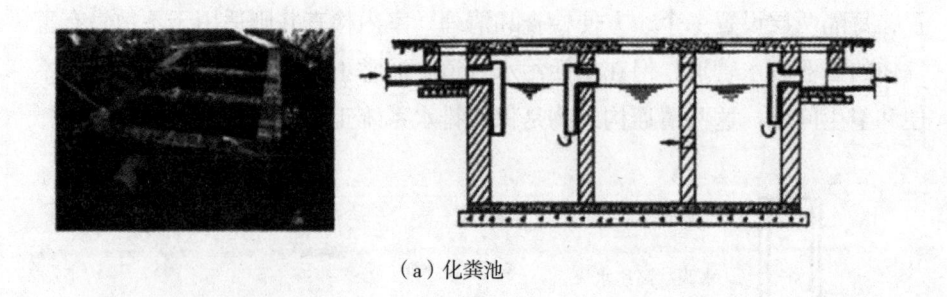

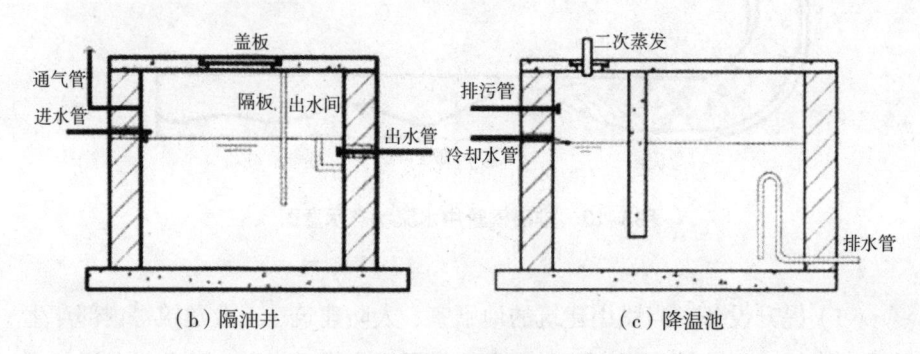

(b) 隔油井　　　　(c) 降温池

图3-14　污水局部处理构筑物

3.2.1.3　排水方式

（1）排水方式。在建筑排水系统设计中，存在分流制和合流制两种排水方式。分流制为生活污水、废水及工业污水、废水设置独立管道分别处理；而合流制则是多种污水废水共用一套管道排放，简化布局但处理复杂。对于屋面排水，建议设置独立雨水排水系统，并在缺水地区增设雨水贮水池以利用雨水资源。

（2）排水方式选择。选择建筑内部排水方式时，须考虑污水性质、污染度、室外排水体制、中水系统及资源利用。若污水混合可能产生有害物质（如医院污水中的病菌、超标放射性元素），或含有可回收原料、油脂、矿物质及有害物质，宜采用分流制排水以保障安全与回收。若排水水温超40℃，也应选分流制。但若城市有处理厂且废水无须回收，或生产污水与生活污水性质相近，则合流制更适宜，有助于简化布局、降低成本。

3.2.2　排水管材、附件和排水器具

3.2.2.1　排水管材

在建筑排水系统中，多种管材各有其独特的应用和优缺点。铸铁管虽逐渐被UPVC管（硬聚氯乙烯管）取代，但在高层和超高层建筑中仍因其抗腐蚀、耐用和价格优势而被选用，尽管存在性脆易碎和质量大的缺点。钢管则常用于连接卫生器具与横支管之间的短管，其坚固耐用适用于各种环境，尤其在振动较大的工厂车间内可替代铸铁管。陶土管则以其卓越的耐酸碱和耐腐蚀性能，在排放腐蚀性工业废水和室内生活污水埋地排放中扮演重要角色，展现其耐用性和对恶劣环境的适应能力。这些管材在建筑排水系统中发挥着各自的关键作用，根据具体需求和环境条件选择合适的管材至关重要。

3.2.2.2　排水附件

（1）存水弯。存水弯是建筑内排水系统中不可或缺的重要组件，特别是在卫生器具内部或其排水管段上。其主要功能是确保管道内部形成一定高度的水封，这个水封高度一般维持在50~100mm，从而形成一道有效的屏障。水封的主要作用是阻止污水管道内可能存在的各种污染气体以及小虫进入室内，保障居住和工作环境的卫生安全。

存水弯设计多样，以适应不同排水管道连接需求。S形存水弯用于与排水横管垂直连接，形成稳定水封阻止异味；P形存水弯则用于水平直角连接，确保水封高度；瓶式存水弯美观大方，常见于洗脸盆等卫生器具上。这些存水弯在建筑排水系统中起关键作用，为生活、工作环境提供卫生保障。

（2）地漏。地漏作为建筑排水系统中的重要组成部分，其安装位置与功能至关重要。通常，地漏被安装在地面上的低洼处，是连接地面与排水管道系统的关键排水器具。其主要功能是排除地面上的积水，特别是在淋浴间、盥洗间、卫生间、水泵房等装有卫生器具的地方，其重要性不言而喻。

地漏的用处远不止于此。除了基本的排泄污水功能外，它还在排水管道

系统中发挥着其他重要作用。在排水管道端头或管道接点较多的管段，地漏可以代替地面清扫口，起到清掏的作用，有助于保持管道系统的畅通。

在安装地漏时，位置的选择至关重要。为了确保排水效果，地漏应放置在易溅水的卫生器具附近，并且处于地面的最低处。这样，无论是洗澡时溅出的水还是其他地面上的积水，都可以顺利流入地漏并排出。一般来说，地漏的箅子顶面应低于地面5~10mm，以确保排水的顺畅。

地漏的样式繁多，以适应不同的使用场景和需求。普通地漏是最常见的类型，适用于一般排水需求。高水封地漏则具有更高的水封深度，能够更好地阻止异味和害虫的进入。多用地漏则适用于需要同时连接多个排水口的情况。双箅杯式水封地漏则具有两个排水口，可以分别用于连接不同的排水管道。防回流地漏则采用特殊设计，以防止污水回流，确保排水的安全和卫生。

3.2.2.3　排水器具

排水器具，作为建筑排水系统中不可或缺的一环，随着人们对居住品质要求的提升，其功能和质量也日益受到重视。这些器具通常采用高标准的材料制造，如表面光滑、耐腐蚀、耐磨损、耐冷热的陶瓷、搪瓷生铁以及先进的复合材料等，以确保其持久耐用和高效运行。

如今，排水器具不仅满足于基本的排水功能，更在技术创新和设计理念上不断进步。它们正向着冲洗功能更强、节水消声、便于控制、造型新颖、色彩协调等方向发展，旨在为用户提供更加舒适、便捷和环保的使用体验。这些改进不仅体现了现代建筑对排水系统的精细化要求，也彰显了人们对生活品质的不断追求。

（1）排水器具的分类。排水器具作为现代生活与公共设施中的重要组成部分，涵盖了便溺、盥洗、淋浴及洗涤等多个方面，旨在满足人们的日常清洁与排放需求。

便溺器具方面，坐式大便器与蹲式大便器分别适应家庭与公共环境，前者自带存水弯，采用低水箱冲洗，后者则须额外配置并常用高位水箱。小便器与小便槽则多见于公共建筑，前者采用按钮式自闭冲洗阀，后者在工业与公共建筑中广泛运用多孔管冲洗技术。这些设计不仅注重排放效率，更兼顾了卫生与节水原则。

盥洗器具中，洗脸盆以其多样化的样式与安装方式，成为盥洗室与浴室的标配，满足不同空间与个性化需求。而盥洗槽，作为集体场所的卫生解决方案，以其坚固耐用、简洁实用的特点，广泛应用于宿舍、教学楼、车站等公共区域。

淋浴器具方面，浴盆与淋浴器共同构成了现代洗浴文化的两大支柱。浴盆以其传统的舒适体验适应各类空间，而淋浴器则以其现代化、节水化的特点，在公共场所中占据重要地位。两者共同提升了人们的生活质量与卫生水平。

洗涤器具则涵盖了厨房、公共食堂及实验场所等多个领域。洗涤盆作为餐具与食材清洗的必备工具，材质多样，易于清洁。化验盆则为化学实验提供了安全、卫生的配制与清洗环境，多联鹅颈龙头的设计进一步提升了使用的便捷性。污水盆则在公共建筑厕所内发挥着收集污水与废弃物的关键作用，其耐腐蚀、易清洁的材质确保了使用时的卫生与安全。这些洗涤器具的广泛应用，不仅提升了工作效率，也保障了公共卫生安全。

（2）排水器具的布置。在设计和布置排水器具时，须综合考虑使用便捷性、清洁维护、水力条件、管道布置、空间规划、房间布局、墙面布置与相邻空间关系以及图纸明确与定位尺寸等多个因素。确保排水器具的位置便于使用者操作，且易于清洁和维护；优化管道布置以提供良好的水力条件，减少水流阻力和堵塞风险；根据房间面积和建筑质量标准合理布置器具，提高使用舒适性和便捷性；尽量顺着同一面墙布置器具，减少管道穿越，并保持空间整洁有序；在有管道竖井或相邻空间时，应紧靠这些设施布置以减少管道长度和成本；最后，在建筑图纸上明确排水器具的定位尺寸，确保施工准确性和一致性。

3.2.3　排水管道的布置与敷设

3.2.3.1　排水管道的布置

排水管道的布置确实需要综合考虑室内排水的畅通性、生活环境的质量以及建筑结构和功能的要求。

排水管道设计应追求最短距离与最少转弯，确保排水顺畅并远离卫生和安静要求高的房间。同时，应避免管道被重物压坏或穿越生产基础设备，以防损坏或影响生产。穿越沉降缝、伸缩缝等敏感区域时，须采取相应的技术措施。禁止排水管道穿越饮用水池、易燃易爆区域以及特定生产、储存区域，以确保安全。管道外表面可能结露时，须采取防结露措施。穿越承重墙或基础时，应预留孔洞并采取防水措施。塑料排水管应避免热源，并设置隔热和阻火装置。对于塑料排水管道，应设置伸缩节以适应温度变化。在住宅卫生间中，应优先采用同层排水设计，以减少噪音和渗漏问题，提高居住舒适度。

3.2.3.2 排水管道的敷设

（1）排水管道的敷设形式。排水管道的敷设方式分为明敷和暗敷，各有其优缺点。明敷直接暴露于建筑内部，造价低且安装维修方便，但可能影响美观且易积灰尘和凝结水，适用于卫生和美观要求不高的场所如仓库、工厂。暗敷则隐藏于吊顶、管廊等隐蔽处，整洁美观且可充分利用空间，但施工复杂、造价高且维护管理不便，适用于对卫生、美观要求高的民用建筑和高层建筑如住宅、医院。选择时须综合考虑建筑性质、使用要求和预算，确保管道畅通安全，满足使用需求和卫生标准。

（2）排水管道的敷设要求。排水管道敷设须确保高效、安全、美观。管道连接应优先使用乙字管或45°弯头，立管与排出管推荐45°弯头或90°弯头，以减少阻力。卫生器具与横管连接应使用90°斜三通，支管接入干管或立管时，宜在管顶或其两侧45°范围内接入。支管与立管底部连接须满足特定要求，防止反压。生活饮用水等不得直接接入污废水系统，应间接排水。室外排水应通过检查井连接，确保管顶平接和水流转角。塑料管道应设置伸缩节以适应环境变化，但埋地或墙体内管道除外。伸缩节应设在水流汇合管件附近。

3.2.4 高层建筑排水系统

在高层建筑中，由于每组立管所连接的卫生器具众多，排水量庞大，加之水的落差大、流速高，这些因素使得在立管底部连接的排出（横）管中形成了显著的水跃现象。高层建筑排水系统中，为解决立管通气及压力稳定问题，工程技术人员研发了苏维托、旋流、芯型及UPVC螺旋等先进排水工艺，有效稳定管内压力，防止水封破坏和室内空气污染，提高排水效率并减少噪声，得到广泛认可和应用。

3.2.4.1 苏维托排水系统

建筑内部排水系统的完善往往依赖于通气管的设置，虽然这一设计提高了系统的整体性能，但同时增加了管材的使用量，从而导致投资成本的增加。为了解决这一矛盾，20世纪60年代出现了取消专用通气管的单立管新型排水系统，这标志着排水系统通气技术取得了重要进展。近年来，国内外广泛采用了一种名为苏维托排水系统的新型排水系统。该系统通过一种独特的气水混合或分离配件来替代传统排水系统中的一般零件，实现了单立管排水系统的高效运行。苏维托排水系统主要由气水混合器和气水分离器两个核心配件构成，其设计理念和创新技术为建筑排水系统带来了新的解决方案。

（1）气水混合器。苏维托排水系统中的气水混合器是一个长约80cm的连接配件，它安装在立管与每层楼横支管的连接处，如图3-15（a）所示。这一设计独特的混合器具备3个横支管接口方向。在其内部结构中，设置有乙字弯、隔板和隔板上部约1cm高的孔隙。

当污水从立管下降时，经过乙字弯管时，水流会受到撞击而分散，并与周围的空气混合形成水沫状的气水混合物。这种混合物由于相对密度变轻，其下降速度会减缓，从而有效减小了对立管内的抽吸力。同时，横支管排出的污水在通过混合器时，会受到隔板的阻挡，无法形成水舌，从而确保了立管内部气流的通畅和气压的稳定。

（2）气水分离器。苏维托排水系统中的气水分离器，其关键的跑气器通常被安装在立管的底部。这种跑气器由一个具有凸块的扩大箱体以及跑气管组成,其结构如图3-15(b)所示。

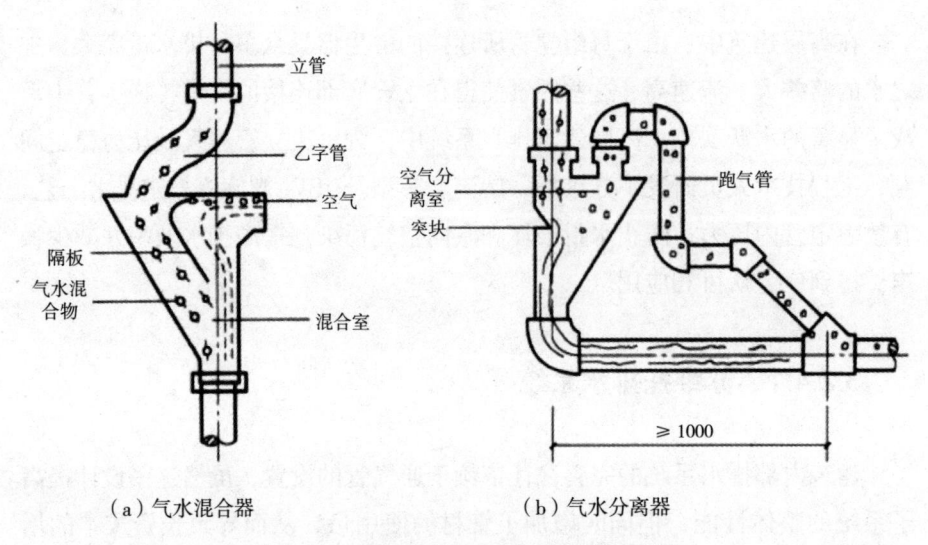

(a)气水混合器　　(b)气水分离器

图3-15　苏维托排水系统的两个基本配件

跑气器的主要功能在于,当气水混合物沿立管流下时,遇到内部的凸块会溅散开来,进而实现了气体(约占70%)与污水的有效分离。跑气器通过跑气管将释放出的气体引导至干管的下游(或向上返回至立管中),从而有效防止了立管底部产生过大的反(正)压力,确保了排水系统的稳定运行。

3.2.4.2　旋流排水系统

旋流排水系统,这一创新技术于1967年由法国工程师研发成功,其关键组件包括旋流接头和特殊排水弯头。

(1)旋流接头。如图3-16所示,旋流接头被巧妙地设置在立管与横支管的连接处。其结构由底座、盖板和导流板组成,其中盖板上装有固定旋转叶片,位于底座支管与立管的接口处。当污水从横支管流出时,通过导流板的作用,污水以切线方向进入立管,形成旋转状态。立管中下降的水流在固定旋转叶片的引导下,沿管壁旋转下降。随着水流的下降,旋转作用逐渐减弱，但当下层再次遇到旋转接头时，通过旋转叶片的导流，旋转作用再次加强。这种设计使得管道中心形成一个气流通畅的空气芯，从而极大地减小了压力变化。

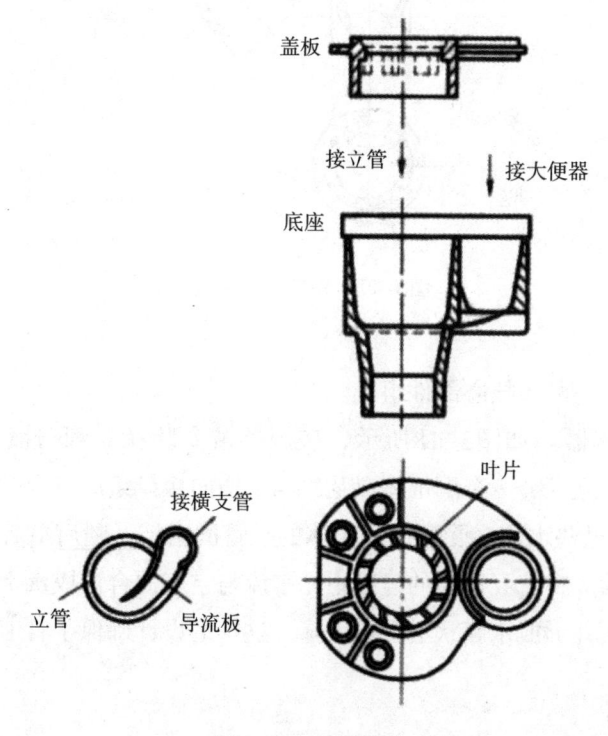

图3-16 旋流接头

（2）特殊排水弯头。如图3-17所示，这种弯头被安装在排水立管底部的转弯处，是一种内部装有导向叶片的45°弯头。当立管中的水流下降并附着在管壁形成膜状水流时，这些水流在导向叶片的引导下，旋转并流向弯头的对壁。这样，水流便能沿弯头的下部顺利流入干管，有效避免了因管内水跃而封闭气流，造成过大的正压问题。

3.2.4.3 芯型排水系统

日本工程师小岛德厚在1973年研发出了芯型排水系统，该系统主要由换

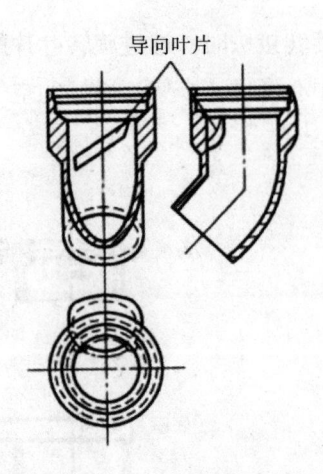

图3-17 特殊排水弯头

流器和角笛弯头两大核心部件组成。

（1）换流器。如图3-18所示，换流器被安装在立管与横支管的交汇处。它由上部立管、一个倒锥体以及2~4个横向接口组成。当横支管排出污（废）水时，这些水流会受到插入锥体的立管的阻挡，随后沿着锥体壁面流下进入换流器。在流经锥体的过程中，水流与空气混合形成汽水混合物，流速因此减缓，并形成水膜状沿管壁下降。这样的设计确保了管道中的空气流通顺畅。

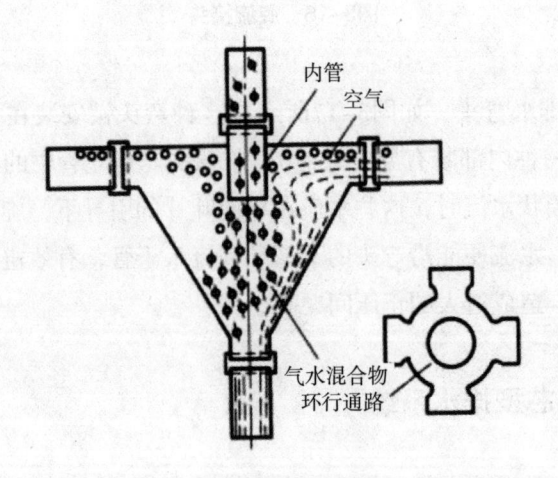

图3-18 换流器

（2）角笛弯头。如图3-19所示，角笛弯头被设置在立管的底部转弯处。随着水流从立管向下流动，由于过流断面的扩大，流速逐渐减缓，污（废）水中掺杂的空气得以释放。

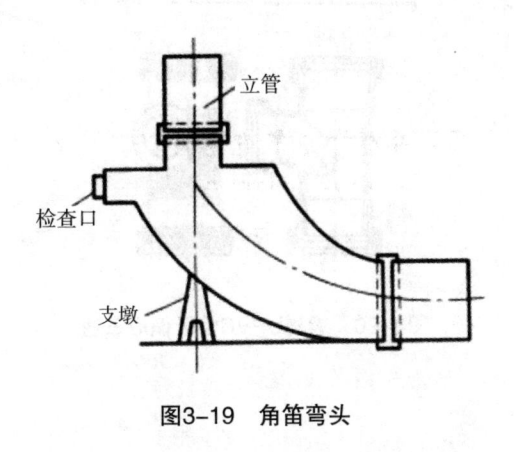

图3-19　角笛弯头

3.2.4.4　UPVC螺旋排水系统

在20世纪，韩国的工程师们取得了突破性的进展，成功研发了UPVC螺旋排水系统。这一系统以其独特而巧妙的设计在排水领域大放异彩，成效显著。它的核心组件包括精心设计的偏心三通以及内壁带有6个间距为50mm的三角形螺旋导流凸起。

如图3-20所示，偏心三通被独具匠心地安置在立管与横支管的交汇点。当污（废）水从横支管流入时，它会首先经过偏心三通，随后以切线的方式巧妙地进入立管。接着，在内壁上的螺旋导流凸起的引导下，水流会沿着管道内壁形成一层紧密且均匀的水膜，并以螺旋式的路径下落。这种独特的设计使得排水立管的中心能够保持气流畅通，有效降低了管内的压力波动。这一特点确保了水封的安全性，使得整个排水系统更加高效、稳定且安全。

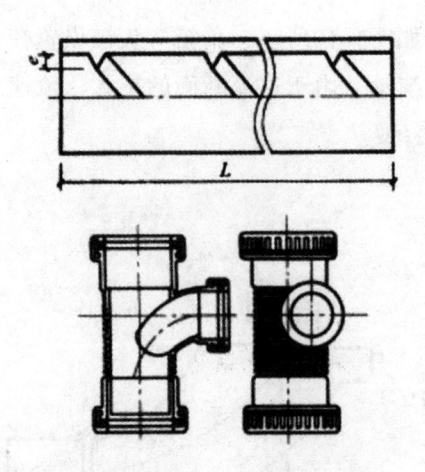

图3-20　螺旋UPVC管及偏心三通

3.2.5　建筑雨水排水系统

建筑雨水排水系统的主要职责在于迅速、有效地排除落在建筑物屋面的雨水和雪水，从而防止屋顶积水或漏水对建筑物造成潜在损害，确保人们的日常生活和生产活动能够正常进行。

3.2.5.1　雨水外排水系统

雨水外排水系统是一种将雨水管道设置在建筑物外部的排水方式，其特点在于屋面不设置雨水斗。

（1）檐沟外排水系统。该系统由檐沟和落水管两大核心组件构成。雨水首先沿屋面汇集至檐沟内，随后经过精心设置在外墙上的落水管，有序地流向雨水口或直接排放到室外地面。常见的落水管材料多样，其中镀锌管多为方形，常见的尺寸有80mm×100mm和80mm×120mm，而塑料管则以其轻便和耐用的特性广受欢迎，其管径通常为75mm或100mm。

根据长期实践和经验积累，民用建筑的落水管间距一般控制在8~12m，以确保排水效率与效果的平衡。而对于工业建筑，由于其拥有较大的屋面面积和相应的排水需求，落水管间距则相应扩大至18~24m。檐沟外排水方式因其简单高效、适用性广的特点，被广泛应用于普通住宅、屋面面积较小的公共建筑以及小型单跨工业厂房中，这种方式确保了建筑物在雨季能够顺利排水，维护了建筑结构的稳定与安全。

（2）天沟外排水系统。由天沟、雨水斗、雨水立管和检查井等组成，适用于长度不超过100m的多跨工业厂房。该系统无须在屋面设置雨水斗，通过天沟收集雨水并导入雨水斗，最后经立管排放至地面或雨水井。该系统具有安全可靠、节省管材、施工简便等优点，有利于厂房空间利用和减小厂区雨水管道埋深。但缺点是可能导致屋面垫层较厚、结构负荷大，且易受灰尘影响导致排水不畅，在寒冷地区还可能面临排水立管冻裂的风险。

3.2.5.2 雨水内排水系统

雨水内排水系统是一种在建筑物内部设置雨水斗和排水管道的设计，以便将屋面上的雨水有效排出。该系统主要包括雨水斗、连接管、悬吊管、立管、排出管、埋地干管和检查井等组成部分。雨水排水系统包括雨水斗、连接管、悬吊管、立管、排出管、埋地管和检查井等部分。

雨水斗设置于屋面雨水进入管道的入口，配备整流格栅以稳定水位和拦截杂物。连接管连接雨水斗与悬吊管，悬吊管横向架空布置，连接雨水斗和立管，并设置清扫口或法兰盘三通以方便检修。立管负责承接雨水，通常沿墙、柱安装，设有检查口。排出管连接立管与检查井，采用大坡度设计，确保顺畅排放。埋地管铺设于地下，接收立管雨水并排至室外雨水管道，常用材料包括混凝土管、钢筋混凝土管或陶土管。检查井设置于埋地管之间，深度不小于0.7m，以管顶平接方式连接，确保水流转角不小于135°，便于清通和防止冒水。

3.3　建筑中水系统

随着城市建设的快速发展，用水量激增，污废水排放量大增，严重污染环境和水源，加剧水资源紧张和水质下降。新水源开发困难，因此污水回用成为缓解缺水的重要措施。污水回用技术通过处理污染水，使其达到再利用标准，减少污水排放，减轻排水系统负担，有效利用和节约淡水资源，减少环境污染，具有显著的社会、环境和经济效益。

3.3.1　中水的概念、用途及利用的可行性

中水指废水经处理后达到规定标准，用于非饮用目的的水，如厕所冲洗、道路清洁等。它的水质介于饮用水和废水之间。由于水资源短缺，中水技术在全球多地广泛应用，尤其在我国大中城市，如北京、深圳等，对缓解用水压力具有重要意义。

中水用途多样，涵盖厕所冲洗、绿化浇灌、车辆清洗、道路浇洒等，还可用于空调冷却、消防灭火、水景景观、建筑施工等多个领域。

中水利用可行性如下：

成本效益，相较于远距离引水工程，中水利用成本更低，经济效益显著；

经济成本，与海水淡化相比，中水回用成本更低，远低于自来水价格；

环境效益，中水利用减少污染物排放，增加可用水资源，对环境具有积极意义。

3.3.2 中水系统的水源、分类及组成

3.3.2.1 中水系统的水源

（1）建筑内部中水。水源的选择对于中水系统的运行至关重要，因为不同的水源具有不同的水质、水量和可用性。在选择建筑中水水源时，必须综合考虑原排水的水质、水量、排水状况以及中水所需的水质、水量等因素。

卫生间、公共浴室的排水和盥洗水相对清洁，易于通过物理、化学或生物方法处理成中水。空调冷却水、游泳池水经深度处理也能用作中水。洗衣排水须适当处理，厨房排水处理较困难但可改善。厕所排水须严格消毒和生物处理。选择中水水源时，应避免使用医院、工业、传染病医院和放射性污水，以防对环境和人体造成危害。

（2）小区中水。在确定中水水源时，水量平衡和技术经济比较是两个关键的考量因素。首先，需要确保所选水源的水量能够稳定且充足地满足中水系统的需求，同时还需要考虑水源的水质、处理难度、安全性以及居民接受度。

小区内的杂排水，包括卫生间、浴室和洗衣排水，水量稳定且处理难度小，是可靠的中水水源。城市污水处理厂出水虽稳定但水质波动大，须综合考量。相对洁净的工业排水和小区雨水也是潜在的中水来源，但须注意水质控制和季节性影响。小区生活污水虽水量大，但处理难度大，须使用先进技术确保水质并考虑居民接受度。

（3）中水水质。在选择和评估中水水源时，主要考量原水水质和中水水质。原水水质直接影响处理工艺选择和效果，须准确评估。地区差异和生活习惯导致污水成分不同，如油脂或磷含量。建筑排水污染浓度与用水量相关，须考虑建筑类型、用途和排水系统设计。评估原水水质须实地测量和收集数据，以确定适当处理工艺。

中水水质必须安全、可靠、无毒害，外观清澈透明，不引起管道设备结垢和腐蚀。其水质要求随用途而异，如冲厕、道路清扫等，须满足相应标准。这些标准确保了中水在使用过程中的安全性和可靠性。

3.3.2.2 中水系统的分类

中水系统按服务范围分为三类。

（1）建筑内部中水系统。为单栋或相邻建筑提供中水，原水取自建筑内部排水，处理后回用。该系统投资小、见效快，应用广泛。

（2）建筑小区中水系统。服务于新建居住小区、商业区等建筑群，原水来自小区公共排水系统，处理后通过配水管网输送至各建筑或用于绿化。该系统易形成规模效益，促进污废水资源化和生态环境改善。

（3）城镇中水系统。利用城镇二级污水处理厂出水和雨水等作为中水水源，再经中水处理设施处理，作为城镇杂用水。目前应用较少，原水主要来自城市污水处理厂。

3.3.2.3 中水系统的组成

中水系统由三个关键部分组成。

（1）中水原水系统。负责收集和输送中水原水至处理设施，包括管道系统和附属构筑物，分为污废水分流制和合流制。

（2）中水处理系统。核心部分，将原水转化为符合标准的中水。包括前处理（截留、分离、调节）、主要处理（去除污染物）和后处理（深度处理）三个阶段，涉及格栅、沉砂池、生物处理反应池等设施。

（3）中水供水系统。负责将处理后的中水输送到用水点，包括供水管网和增压、贮水设备。须单独设置并与给水系统保持基本一致，但须注意供水范围、水质和使用方面的特殊性和限定要求。

3.3.3 中水供水设施及处理流程

3.3.3.1 中水供水设施

中水供水设施与生活供水设施在设计和实施时必须严格分开，以确保水质的安全性和使用的正确性。中水供水设施与自来水生活供水在结构上有着诸多相似之处，由于中水水质的特殊性，其设备材料的选择、安装使用等方面都有着特殊的要求。为此，应优先选用塑料给水管、塑料管和金属复合管等具有可靠防腐性能的给水管材。这些材料不仅能够有效防止水质的污染，还能保证管道的长期稳定运行。

中水贮水池（箱）的材质同样需要特别关注。由于中水可能含有一定的腐蚀性物质，因此宜采用耐腐蚀、易清垢的材料制作。对于钢板池（箱），其内外壁及其附件均应采取有效的防腐蚀处理，以延长池（箱）的使用寿命和确保水质的安全。

中水管道上不得装设取水水龙头，这是为了防止用户误饮或误用中水。如果确实需要设置取水接口，必须采取严格的防误饮、误用的防护措施，如设置明显的警示标志或安装防护装置。

中水管道与生活饮用水管道之间必须严格隔离，严禁相互连接。这是为了防止中水对饮用水造成污染，确保用户用水安全。此外，公共场所及绿化中水用水口应设带锁装置，以防止未经授权的人员使用。在工程验收时，应逐段检查中水管道，确保没有出现误接的情况。

3.3.3.2　中水处理工艺流程

当中水系统选择以盥洗排水、污水处理厂二级处理出水或其他较为清洁的排水作为中水原水时，为了确保中水的水质能够满足回用标准，我们通常会选择以物化处理为主的工艺流程。这种选择是基于对原水水质特性的深入理解和对不同处理方法的比较分析。

盥洗排水主要来源于洗手间、洗脸盆等盥洗设施，其水质相对较为清洁，主要含有少量有机物、油脂和悬浮物。污水处理厂二级处理出水则是经过初步的生物处理和沉淀处理后的水，已经去除了大部分有机物和悬浮物，水质得到了显著改善。此外，其他较为清洁的排水，如冷却水排水、雨水等，也常作为中水原水使用。

物化处理通过混凝、沉淀、过滤、吸附等过程提高中水原水水质，去除污染物以满足回用标准。此工艺高效、占地面积小、操作简单，适用于盥洗

排水、污水处理厂二级处理出水等,是经济、高效且实用的选择,有助于支持城市可持续发展。具体工艺流程如下:

①絮凝沉淀或气浮工艺流程:原水→格栅→调节池→絮凝沉淀或气浮→过滤→消毒→中水。

②微絮凝过滤工艺流程:原水→格栅→调节池→微絮凝沉淀→消毒→中水。

③膜分离工艺流程:原水→格栅→调节池→预处理→膜分离→消毒→中水。

当选择含有洗浴排水的优质杂排水、杂排水或生活污水作为中水原水时,考虑到这些水源中通常含有较高的有机物、悬浮物和其他污染物质,因此,为确保中水水质能够稳定达标并满足回用要求,我们通常会推荐采用以生物处理为主的工艺流程。

生物处理工艺通过微生物代谢活动去除水中有机物,适用于洗浴、杂排水和生活污水。在条件允许的情况下,可考虑结合生态处理工艺,如湿地、人工湿地等,利用自然净化能力提高水质,提升中水回用性。这种处理方式不仅能够进一步去除水中的污染物,还能够增加水体的自净能力,改善生态环境。

生物处理与生态处理相结合的工艺流程可以充分利用两者的优势,实现高效、稳定的中水处理。生物处理能够去除水中的大部分有机污染物,而生态处理则能够进一步去除残留的污染物质,提高中水的水质。同时,这种工艺流程还能减少化学药剂的使用,降低处理成本,并具有良好的环境效益。

因此,当以含有洗浴排水的优质杂排水、杂排水或生活污水作为中水原水时,采用以生物处理为主的工艺流程,并在有可利用的土地和适宜的场地条件下结合生态处理工艺,是一种既经济又环保的选择。这种工艺流程能够确保中水水质稳定达标,满足回用要求,为城市的可持续发展提供有力的支持。

①生物处理和物化相结合的工艺流程。

原水→格栅→调节池→生物接触氧化池→沉淀→过滤→消毒→中水

原水→格栅→调节池→曝气生物滤池→过滤→消毒→中水

原水→格栅→调节池→CASS池→沉淀→过滤→消毒→中水

原水→格栅→调节池→流离生化池→过滤→消毒→中水

②膜生物反应器（MBR）工艺流程：原水→格栅→调节池→膜生物反应器→消毒→中水。

③生物处理与生态处理相结合的工艺流程：原水→格栅→调节池→生物处理→生态处理→消毒→中水。

④以生态处理为主的工艺流程：原水→格栅→调节池→预处理→生态处理→消毒→中水。

当中水被用于工业循环冷却水、供暖系统补水等其他用途时，确实需要根据具体的水质需求来增加相应的深度处理措施。这是因为中水的水质虽然经过初步处理，但可能仍然含有一些特定的污染物或杂质，这些物质可能会影响其在使用过程中的性能或安全性。

当中水用于工业循环冷却水、供暖补水等高质量要求时，需增加深度处理措施去除微小悬浮物、溶解性有机物、微生物等，以保护设备和系统。应优先采用低能耗、高效率的新工艺，确保水质达标，降低能耗和运行成本，提升中水回用的经济性和可行性。

在采用膜处理工艺时，为确保其高效稳定运行，我们须要特别关注进水水质以及膜的清洗与更换。

当中水处理过程中产生污泥时，这些污泥的来源和性质各不相同，包括初沉污泥、活性污泥和化学污泥。这些污泥的处理方式需要根据其产生量的多少来灵活选择，以确保处理效率和环保效益的最大化。中水处理过程中产生的污泥需要根据其产生量的多少和性质来选择合适的处理方法。

对于污泥量较小的情况，可以考虑排入化粪池进行处理；而对于污泥量较大的情况，则需要采用机械脱水装置或其他更高效的处理方法。在处理过程中，我们还需要注重污泥的减量化、资源化和无害化，以实现中水处理的可持续发展。

思考题

1. 建筑给水系统的主要组成部分有哪些？每个部分的作用是什么？
2. 在选择水泵时，需要考虑哪些主要因素？如何确保水泵的高效运行和节能？
3. 不同材质的给水管材（如金属管、塑料管等）各有哪些优缺点？如何根据使用环境和需求选择合适的管材？
4. 给水管道的布置应遵循哪些原则？如何确保管道布置的合理性和经济性？
5. 高层建筑给水系统采用并联、串联或减压给水方式时，各有哪些优缺点？如何根据建筑特点选择合适的给水方式？
6. 排水系统的主要分类有哪些？每种分类的特点和适用场景是什么？
7. 排水系统的组成部分及其功能是什么？
8. 排水管材的选择应考虑哪些因素？不同材质的排水管材各有哪些特点？
9. 现代建筑中常用的排水器具有哪些？它们的设计和发展趋势是什么？
10. 排水管道的布置应遵循哪些原则？如何确保排水顺畅和防止堵塞？
11. 排水管道的敷设方式有哪些？不同敷设方式的适用场景和注意事项是什么？
12. 高层建筑排水系统中，苏维托、旋流、芯型和UPVC螺旋等排水系统各有何特点？如何根据建筑需求选择合适的排水系统？
13. 雨水外排水系统和内排水系统各有哪些优缺点？如何根据建筑设计和气候条件选择合适的系统？
14. 中水的定义是什么？它在建筑中的主要用途有哪些？
15. 中水处理工艺流程通常包括哪些步骤？每个步骤的作用是什么？如何确保处理后的中水水质达到相关标准？

第4章 建筑消防给水系统

建筑消防给水系统是建筑物中不可或缺的重要设施，对于保障人员生命安全和财产安全具有重要意义。在设计、施工和使用过程中，应严格遵守相关规范和标准，确保系统的可靠性、安全性和经济性。

4.1 消火栓给水系统

4.1.1 设置场所

消火栓给水系统的设置场所涵盖了从室外到室内的广泛范围，其布局和配置须根据建筑的性质、规模以及火灾风险等因素进行综合考虑。室外消火栓系统主要沿消防车可通行的街道布局，并扩展到各类民用建筑、厂房、仓库等外围，以确保消防力量的及时响应。

室内消火栓系统则针对特定类型的建筑，如大型厂房、高层住宅、公共建筑等，提出明确的设置要求，同时也考虑到了特殊建筑如古建筑的消防安全需求。通过科学合理的设置，消火栓给水系统能够在火灾发生时发挥关键作用，为消防救援提供有力支持。

4.1.1.1 室外消火栓系统

在如城镇这样的区域，包括居住区、繁华的商业地段、经济开发区以及工业区等，都应当沿着可供消防车通行的街道布局市政消火栓系统。不仅如此，民用建筑、各类厂房、存储仓库、储油罐（区）以及货物堆场的外围，也应当配置室外消火栓系统，以备不时之需。同时，在那些设计为消防救援和消防车停靠使用的屋面上，同样需要安装室外消火栓系统，以确保在紧急情况下能够迅速应对。

对于某些特定类型的建筑，如耐火等级不低于二级且总体积不超过3 000m³的戊类厂房，以及居民人数不超过500人、楼层不高于2层的居住区，可以豁免设置室外消火栓系统。这一规定考虑到了这些建筑的低火灾风险和较小的居住密度。

4.1.1.2 室内消火栓系统

（1）下列建筑应设置室内消火栓。

①对于那些占地面积超过300m²的厂房和仓库，必须配备相应的消防设施。

②在高层公共建筑以及高度超过27m的住宅建筑中，室内消火栓系统的设置是必不可少的。需要注意的是，如果住宅建筑的高度不超过27m，并且在设置室内消火栓系统时确实存在困难，那么可以选择安装干式消防竖管，并配备无消火栓箱的$DN65$室内消火栓作为替代方案。

③像是车站、码头、机场的候车（船、机）大楼、展览馆、商场、酒店、医院以及图书馆等，只要其建筑体积超过5 000m³，无论是单层还是多层建筑，都需要安装室内消火栓系统。

④对于特等、甲等剧场，座位数超过800的其他等级剧场和电影院，以及座位数超过1200的礼堂、体育馆等单、多层建筑，也须进行相应的消防设施设置。

⑤办公建筑、教学楼等民用建筑，只要其高度超过15m或体积超过10 000m³，同样需要配备室内消火栓系统，以确保安全。

（2）针对被列为国家级文物保护单位的重点古建筑，特别是那些以砖木或纯木结构为主的建筑，推荐安装室内消火栓以确保其安全。

（3）消防卷盘的设置要求。在人员聚集的公共场所、高度超过100m的建筑以及面积超过200m^{2}的商业服务网点内，按要求应装配消防软管卷盘或者便携式的消防水龙设备。同时，对于高层住宅建筑，推荐在每户内部都配备轻便的消防水龙，以提高居民自主应对火灾的能力。

（4）以下建筑内可不设置室内消火栓。

①对于那些耐火等级达到一级、二级，且内部可燃物较少的单层或多层丁、戊类厂房（或仓库），其安全标准可以有所调整。

②如果丁类厂房的耐火等级为三级、四级，且其建筑体积不超过3 000m^3；或者戊类厂房（仓库）的耐火等级同样为三级、四级，且建筑体积控制在5 000m^{3}以内，这些建筑的安全管理也须特别关注。

③像粮食储备仓库、贵重金属库，以及那些远离城市且通常无人值守的独立建筑物，它们的安全措施需要特别设计和实施。

④在存放有与水接触后可能引发燃烧或爆炸危险物品的建筑内，必须采取严格的安全预防措施。

⑤对于那些室内没有生产或生活供水管道，且其室外消防用水完全依赖储水池的建筑，只要其建筑体积不超过5 000m^3，也需要制定专门的安全管理方案。

4.1.2 室内消火栓给水系统分类及给水方式

4.1.2.1 系统分类

室内消火栓给水系统主要分为高压消防给水系统和临时高压消防给水系统两大类。

（1）高压消防给水系统。高压消防给水系统始终保持高压状态，无须额外加压即可满足灭火需求。通常，这种系统在城市中心或大型建筑中更为常见，因为它们需要持续、稳定的高压水源供应。高压消防给水系统响应速度快，但维护成本较高。

（2）临时高压消防给水系统。平时管网内的水压不高，火灾时通过启动消防水泵等方式临时加压，以满足灭火时的水压和流量需求。临时高压消防给水系统更常见于住宅、小型商业设施等，因为它们可能不需要持续的高压水源供应。优点是平时运行成本较低，缺点是在火灾时需要一定时间进行加压操作，可能影响灭火的及时性。

4.1.2.2 设置方式

（1）为了确保消防系统的有效性和独立性，建议将室内消火栓给水管网与自动喷水灭火系统的管网进行分离设置。若条件限制须共用消防泵时，应在报警阀之前将供水管线进行分流设计。

（2）对于高层厂房或仓库，应建立专门的消防给水系统，以确保安全。同时，室内的消防竖管应设计为环状连接，以提高系统的可靠性和覆盖范围。

（3）当室内消防给水管道、消防水池或消防水箱与室外的日常生活给水管线或生活与消防共用的管道相连接时，必须采取相应技术措施来防止可能的水质回流污染，从而确保消防用水的纯净和安全。

4.1.2.3 给水方式

（1）若建筑物并不高，且室外给水网络的压力和流量始终能满足室内最不利点的设计流量和压力需求，那么可以直接利用室外给水网络进行供水。

（2）在室外给水管网水压波动较大，或生活和生产用水达到峰值，导致室外管网无法保障室内最不利点消火栓所需的水压和水量时，可以设立高位消防水箱或增加增压设备来供水。当室外管网水压充沛时，它会向水箱注水，水箱则储备一定量的水以备消防之需。消防水箱的容量应根据室内10min的消防用水量来确定。若生活、生产和消防共用水箱，须采取技术措施确保消防用水不被挪用，从而保障消防储水量。

（3）当室外管网的水压常常不能达到室内消火栓系统所需的水压和水量标准时，采用配备水泵和水箱的方式进行供水是更合适的选择。在消防、生活以及生产用水共用同一套室内供水系统的情况下，消防水泵需要具备确保最大秒流量的能力，不仅要保障生活和生产用水的需求，还要能满足室内最偏远位置消火栓的水压要求。为此，水箱必须储备充足的水量，至少要能支持室内消防用水10min的需求。此外，水箱的安装位置也应合理确定，以确保即便是在最不利的条件下，消火栓的水压也能得到满足。

（4）高层建筑室内消火栓灭火系统的给水方式。

①不分区室内消火栓灭火系统的给水方式。若消火栓口的静态水压未超出0.8MPa，推荐采用这种非分区的供水方式。

②分区室内消火栓灭火系统的给水方式。对于高度超出50m或建筑内部最低处消火栓的静态水压大于0.8MPa的情况，由于室内消火栓系统难以从消防车获取水源支援，为确保供水稳定及火场灭火需求，推荐使用分区供水方式。分区供水大体上可以分为以下三种方式。

分区并联给水方式：该模式的特点是在各个分区分别配置水泵和水箱，所有水泵集中在地下室，每个分区独立操作。此方式供水稳定且易于管理与维护；但缺点在于管材消耗较多，初始投资大，且水箱会占用上层空间。

分区串联给水方式：此模式的特点是在各分区设置水箱和水泵，水泵分布在不同位置，从下层水箱抽水供应上层。这种方式设备简单、投资小；但水泵安装在楼板上可能带来振动和噪音问题，同时上层空间被占用，且设备分散不便于维护管理，上层供水还受限于下层。

分区无水箱给水方式：该模式的特点是在各分区安装变速水泵或多台并联水泵，根据水量需求调整水泵速度或运行数量。这种方式供水稳定，设备集中管理方便，不占上层空间且能耗低；但水泵型号多、数量大，投资成本高，且对水泵的调节控制有较高要求。适用于各类高层工业和民用建筑。

4.1.3 消火栓设置要求

4.1.3.1 室外消火栓

（1）室外消火栓的设置应沿着道路进行，且应放置在方便消防车使用的位置，但最好不要紧挨着建筑物布置。消火栓与路边的距离不应超过2m，与房屋外墙的距离则不宜小于5m。若道路宽度超过60m，建议在道路两侧都设置消火栓，并尽量靠近十字路口。

（2）对于甲、乙、丙类液体储罐区域以及液化石油气储罐区域，消火栓应安装在防火堤或防护墙之外。在罐壁15m范围内的消火栓，不应被计入该罐可使用的消火栓数量中。

（3）室外消火栓之间的最大间距应为120m。

（4）室外消火栓的有效保护范围不应超过150m；在此保护范围内，如果室外消防用水量在15L/s或以下，那么可以不额外设置室外消火栓。

（5）室外消火栓的数量须综合其保护范围和室外消防用水量等因素来确定，每个消火栓的用水量预计在10~15L/s；与受保护对象距离在5~40m之间的市政消火栓，可以纳入室外消火栓的计数中。

（6）室外消火栓优选地上式，应配备1个$DN150$或$DN100$和2个$DN65$的出水口。如果选择地下式消火栓，则应设有1个$DN100$和1个$DN65$的出水口。在寒冷地区，室外消火栓须采取防冻措施。

（7）工艺装置区域内的消火栓应环绕装置设置，其间距以不超过60m为宜。若工艺装置区宽度超出120m，建议在装置区内的道路旁边安装消火栓。

（8）建筑外部的消火栓、阀门以及消防水泵接合器等处，都应设有永久性的固定标识。

（9）在寒冷地区，如果设置市政或室外消火栓存在困难，可以考虑安装水鹤等加水设施以供消防车使用，其保护区域可根据实际需求划定。

（10）城市交通隧道的进出口外部都应安装室外消火栓。对于双向交通隧道，建议在隧道中部的合适位置增设一个室外消火栓。消火栓优先选择地上式；若采用地下式，则必须设置明显的标志。

(11)停车场的室外消火栓应沿着停车场周边布置,且与最近一排汽车的距离不应小于7m,与加油站或油库的距离则不宜小于15m。

4.1.3.2 室内消火栓

(1)除了设备层因无可燃物而无须配置外,所有内置了室内消火栓的建筑都须在每一楼层都装有消火栓。在建筑物内部,应统一采用相同规格的消火栓、水枪和水带,而且每条水带的长度应控制在25m以内。

(2)对于单元式或塔式住宅,消火栓的理想设置地点是首层的楼梯间和各楼层的休息平台。若因条件限制难以布置两根消防竖管,可选择单根消防竖管配合双阀双出口的消火栓使用。对于干式消火栓竖管系统,应在其首层出水口附近预设一个便于消防车快速接水的接口,并配备止回阀。

(3)消防电梯间的前室内也必须装备消火栓,这些消火栓同时也可以作为普通的室内消火栓来使用。

(4)在冷库中,消火栓应该被安置在常温的穿堂或者楼梯间里。

(5)室内消火栓应设置在明显且便于使用的地点。其出水口应大约位于离地面或操作平台1.1m高的位置,出水方向应竖直向下或垂直于安装墙面。同时,出水口与消火栓箱内侧边缘应保持适当距离,以确保消防水带能够顺畅连接。

(6)室内消火栓的间距应通过精确计算来设定。在高层工业建筑、高架存储设施以及甲、乙类生产厂房中,消火栓之间的距离不应超出30m;而在其他类型的单层或多层建筑中,此间距则不应超过50m。

(7)室内消火栓的配置应确保在任一防火分区的同一层级上,均能够有两支水枪同时喷射的水柱覆盖到所有区域。对于高度在24m以下且体积不超过5000m³的多层存储设施,可以仅通过一支水枪的水柱实现全面覆盖。

(8)水枪的有效喷射距离(充实水柱长度)应通过计算来确定。在甲、乙类生产厂房、层数超过6的公共建筑以及层数超过4的工业或存储建筑中,这一距离至少应达到10m;在高层工业建筑、高架存储设施以及体积超出25 000m³的大型商业、娱乐设施中,该距离至少为13m;对于其他类型的建筑,建议的最小距离是7m。

（9）对于高层工业与存储建筑，以及那些高位消防水箱的静压无法满足最远端消火栓需求的其他建筑，应在每个室内消火栓处配备能够直接激活消防水泵的按钮，并采取相应的安全防护措施。

（10）如果室内消火栓出水口的压力超过0.5MPa，应安装减压设备；如果静水压力超过1.0MPa，则应采用分区供水系统。

（11）对于设有室内消火栓的建筑，如果其屋顶是平的，那么最好在平屋顶上安装用于测试和检查的消火栓。

4.2 自动喷水灭火系统

4.2.1 设置场所

在人流密集、疏散难度高且外部援助难以迅速到达的关键或高火灾风险区域，应配置自动喷水灭火系统以增强火灾应对能力。关于自动喷水灭火系统的具体设置场所，可参考《建筑设计防火规范（2018年版）》（GB 50016—2014）以及《汽车库、修车库、停车场设计防火规范》（GB 50067—2014）中的详细指引。

在某些特定场合下，自动喷水灭火系统并不适用。例如，在存放有遇水可能引发爆炸或助长火势的物品的场所；或是存放有遇水会发生剧烈化学变化、产生有毒害物质的物品的区域；再者，洒水可能导致液体喷溅或沸溢的地方，都应避免安装此系统。

4.2.2 自动喷水灭火系统的构成

自动喷水灭火系统依据其结构差异，可分为湿式、干式、预作用、雨淋及水幕等系统。

4.2.2.1 湿式自动喷水灭火系统

湿式自动喷水灭火系统主要由多个关键部分组成：喷淋泵组、稳压泵、气压罐、报警阀组、水流指示器、闭式洒水喷头、末端试水装置、水泵接合器以及相关的管道和水池等。其中，水池和高位消防水箱是与消火栓系统共享的。

在湿式系统中，管道内始终充满有压力的水，一旦有火灾发生，喷头会立刻响应并喷水。当火灾现场的温度升高，闭式喷头的热敏元件会感知到温度并在达到预定动作温度时启动，从而开启喷头喷水以灭火。随着水在管道中的流动，会触发水流指示器，该指示器随后会向火灾报警控制器发送报警信号。同时，高位消防水箱的水将通过湿式报警阀，推动阀瓣打开，水经过一段延时后流向水力警铃，触发警铃发出声音报警。若水压降至特定值，压力开关会启动，向火灾报警控制器发送信号。控制器可以根据设定自动或手动方式激活消防水泵，为管网加压供水，确保持续喷水灭火。

此系统特别适用于环境温度在4~70℃的建筑物和场所，不适用于不能用水扑灭的火灾场景。因其结构简单、便于施工、管理和维护，同时具有高可靠性和快速的灭火效率而受到青睐。

（1）闭式洒水喷头在消防喷淋系统中扮演着关键角色。火灾时，随着温度的上升，玻璃管内的液体会膨胀直至破裂，从而打开阀门，使水通过喷淋头洒出以灭火。这种喷头主要分为下垂型、直立型、普通型和边墙型。不同动作温度的喷头都有对应的色标进行区分。

（2）水流指示器被安装在各个防火分区的喷淋主管道上。一旦发生火灾并且喷头开始喷水，管道中的水流动会推动水流指示器动作。这个指示器发出的信号会经过编码器处理，然后传输给火灾报警控制器以触发报警。

（3）湿式报警阀由阀体、水力警铃、压力开关、延迟器以及进水和出水压力表等多个部分组成。当火灾发生时，喷头会启动喷水，同时水流指示器也会相应动作，并将信号传递给报警控制器以触发报警。随着喷淋管网中的水压下降，压力开关会被激活，并将动作信号发送给报警控制器，进而联动喷淋泵开始工作，为自动喷水灭火系统提供水源。在喷淋泵产生的水压作用下，湿式报警阀的阀瓣会打开，此时水力警铃会发出响亮的警报声。

（4）对于采用临时高压供水系统的自动喷水灭火系统，建议设置专用的消防水泵，并应遵循一用一备或二用一备的原则来配置备用泵，备用泵的性能应至少与最大的一台工作泵相当。如果该系统与消火栓系统共享消防水泵，那么两者的管道应在报警阀之前进行分流。消防水泵和稳压泵应采用自吸式进水方式。同时，此类喷水灭火系统还须配备高位消防水箱，该水箱可以与消火栓系统共用。通常，消防水池也是共用的，但其容量必须满足两个系统的共同用水需求。此外，系统还应根据设计流量来配置相应数量的消防水泵接合器，每个接合器的建议流量范围为10~15L/s。

（5）在每个报警阀组所控制的最不利喷头位置，应装设末端试水设备。同时，在其他防火区域和楼层的最不利喷头处，都应安装直径为25mm的测试阀。末端试水设备包含测试阀、压力计和试水连接器，其中试水连接器的出水口流量系数应与同一楼层或防火区域内的最小流量系数喷头相匹配。该设备的出水应通过特定孔口排出，并直接流入排水管道中。

4.2.2.2 干式自动喷水灭火系统

干式自动喷水灭火系统主要由多个核心组件构成，包括喷淋头、管道系统、干式报警阀、测试阀、空气压缩机、泄水阀、水泵、水箱、稳压罐、水泵接合器以及控制盘等。

干式系统在准工作状态时，其配水管道内是充满有压气体的闭式系统，这种设计用于启动系统。与湿式系统相似，但干式系统的控制信号阀结构和作用机制有所不同。在配水管网和供水管之间，设置了干式控制信号阀以进行隔离，而配水管网中在平时是充满有压气体的，以备系统启动之需。当火灾发生时，喷头会首先喷出气体，导致管网中的压力下降，此时供水管道中的压力水会推开控制信号阀，进入配水管网，随后通过喷头喷出进行灭火。但值得注意的是，此系统需要额外配备一套充气设备，因此日常的管理相对复杂，且灭火的速度会稍慢一些。

干式系统特别适用于那些环境温度低于4℃或高于70℃的建筑物和场所，例如不供暖的地下停车库或冷库等。

由于报警阀后的管网内并不存水，因此可以有效避免冻结和水汽化的风险，使得系统不受环境温度的限制，能在一些不适用湿式系统的场所中使用。但相应地，由于需要增加充气设备，投资成本会高于湿式系统。同时，干式系统的施工和维护管理都更为复杂，对管道的气密性有着更为严格的要求，管道内的气压需要在特定的范围内维持。此外，其喷水灭火的速度相对较慢，因为当喷头受热开启后，首先需要排出管道中的气体，然后才能出水，这在一定程度上会延误灭火的最佳时机。

4.2.2.3 预作用自动喷水灭火系统

预作用自动喷水灭火系统通过巧妙地将火灾自动探测报警技术与自动喷水灭火系统相结合，为受保护的对象提供了双重的安全屏障。该系统由多个关键组件构成，包括喷淋头、复杂的管道系统、预作用阀、灵敏的火灾探测器、控制盘、储水箱、强大的水泵、稳压罐以及水泵接合器等。

当系统处于非工作状态时，预作用阀之后的管道可以根据实际情况选择不充气或充入低压气体。一旦火灾发生，位于保护区的感温和感烟火灾探测器会立即发出火警信号。接收到这一信号后，控制器会迅速激活预作用阀，使水流入管道系统，并在极短的时间内完成整个管道的充水过程，从而将系统快速转换为湿式状态。之后的操作流程便与常规的湿式系统无异。

此类系统特别适用于那些对误喷水造成的水渍损失极为敏感的高端场所，如高级宾馆、重要的办公楼以及大型购物中心等。同时，它也完全适用于那些干式系统可应用的场所，具有更广泛的适用性。

4.2.2.4　雨淋自动喷水灭火系统

雨淋自动喷水灭火系统主要由开式洒水喷头和雨淋报警阀组等核心部件构成。此系统通过专门配置的火灾自动报警系统或与传动管相连接来联动雨淋报警阀。一旦启动，雨淋报警阀将控制配水管道上所有的开式洒水喷头同步进行喷水。

在火灾发生时，感烟或感温的火灾探测器会立即捕捉到火情，并迅速向报警控制器发送报警信号。报警控制器在接收到信号后会进行分析确认，随后发出声光报警，并同时激活雨淋报警阀的电磁阀，使得高压腔内的压力水被迅速排出。

由于单向阀向高压腔补充的水流速度相对较慢，这导致高压腔内的水压急剧下降。随着供水在阀瓣上产生的压力变化，雨淋报警阀会迅速开启。此时，水流会立刻充满整个雨淋管网，使得所有受雨淋报警阀控制的开式洒水喷头同时开始喷水。这种设计能够在极短的时间内像暴雨般喷洒出大量水来覆盖火源，从而达到快速灭火的效果。

当雨淋报警阀被激活后，水流会同时进入报警管道网络，触动水力警报器发出响亮的警报声。同时，受水压的影响，压力开关将被触发，经由报警控制器进行电路切换，将电信号传递到值班室或直接激活消防水泵。在消防主泵开始运作之前，火灾初期所必需的灭火用水将由高位消防水箱或气压储水罐来供应。

4.2.2.5　水幕自动喷水灭火系统

水幕自动喷水灭火系统，也被称为水幕灭火系统，主要由水幕喷头、雨淋报警阀组或感温雨淋阀、供水及配水管道、控制阀门和水流报警装置等构成。这个系统的主要功能包括阻火、冷却和隔离，在自动喷水灭火领域中扮演着重要角色。根据其主要功能，水幕系统可以进一步细分为防火分隔水幕和防护冷却水幕两种类型。

水幕系统的工作机制与雨淋系统存在许多相似之处。然而，两者之间的显著差异是喷水的形式：水幕系统产生一道水帘，而雨淋系统则产生开花射流状的水。由于水幕喷头特殊的设计，它能够将水均匀喷洒形成一道水帘。需要注意的是，水幕系统并非直接用于灭火，而是主要用于冷却简易的防火分隔结构，例如防火卷帘和防火幕，进而提升其耐火时间，或者形成一道防火水帘，以阻止火焰通过开放的区域，从而有效地降低火势的蔓延速度。

4.2.2.6　自动喷水-泡沫联用系统

自动喷水-泡沫联用系统相较于单一的自动喷水灭火系统，展现出更高的效能，适用于A类固体物质火灾、B类液体燃料火灾以及C类气体火灾的紧急处理。《汽车库、修车库、停车场设计防火规范》（GB 50067—2014）特别指出，大型汽车库推荐使用这种自动喷水与泡沫联用系统以提升火灾防控。

在涉及可燃液体的环境中，例如地下停车库、燃油锅炉房以及配备柴油发电机的房间等，采用自动喷水-泡沫联用系统会更加适宜，它能更有效地控制和扑灭潜在的火源。这一系统在处理含有少量易燃液体的场所时，表现尤为出色。

4.3　泡沫灭火系统

泡沫灭火系统利用泡沫作为灭火剂，通过泡沫液的遮蔽效应来阻断火源。这种遮蔽作用主要体现在隔绝氧气、抑制燃料的蒸发、提供冷却效果以及稀释火场中的可燃物质，从而达到灭火的目的。

泡沫灭火剂种类繁多，包括普通泡沫、蛋白泡沫、氟蛋白泡沫、水成膜泡沫以及成膜氟蛋白泡沫等。整个泡沫灭火系统主要由消防泵、泡沫配比混合设备、泡沫生成装置以及相关的管道系统构成。

根据泡沫的膨胀倍数，泡沫灭火系统可以分为低倍、中倍和高倍三类；按其使用方式，则可分为全覆盖式、局部应用式和便携移动式；另外，按照泡沫的喷射方式，还可细分为液面上喷射、液面下喷射以及喷淋式喷射。

泡沫灭火系统在多个领域都有广泛应用，如油田、炼油厂、储油设施、发电厂、车库、飞机库以及矿井等。在选择和使用泡沫灭火系统时，首先需要根据燃烧物质的特性来选定合适的泡沫液；同时，应确保泡沫储存罐放置在通风且干燥的环境中，温度控制在0~40℃；此外，还须保证系统有充足的消防用水量，且水温维持在0~35℃，并确保水质符合要求。

4.4 气体灭火系统

气体灭火系统主要利用特定的气体作为灭火介质，通过喷射这些气体来扑灭或控制火灾。这些气体通常储存在压力容器中，并在需要时以气体（包括蒸汽、气雾）状态喷射出来。系统能够确保灭火剂在防护区内形成均匀分布，并维持足够的灭火浓度以达到扑灭火灾的效果。气体灭火系统广泛应用于计算机机房、图书馆、档案馆、移动通信基站、UPS室、电池室和柴油发电机房等场所。这些场所通常存放有重要设备或资料，不适合使用水或其他液体灭火剂进行灭火。

4.4.1 二氧化碳灭火系统

二氧化碳灭火系统主要依赖于窒息作用和部分冷却作用来灭火。二氧化碳具有较高的密度，约为空气的1.5倍，释放时可以排除空气并包围在燃烧物体的表面，降低可燃物周围的氧浓度。当二氧化碳含量占空气含量的30%~50%时，火焰即被熄灭。同时，二氧化碳从储存容器中喷出时，会由液态迅速汽化成气体，吸收部分热量，起到一定的冷却作用。

二氧化碳灭火系统可用于：扑救电气设备火灾，如电子器件计算机机房、数据信息存储间等关键物件场所，因为二氧化碳不会导电且不会对设备造成二次损害；适用于油浸变压器、高压电容器室及多油电源开关隔离开关室等场所的火灾；可用于扑救一些液体火灾或可熔融的固态火灾，以及船只的发动机舱和客舱的火灾。

4.4.2 水蒸气灭火系统

水蒸气灭火系统的工作原理主要基于水蒸气和热量的加速传输与吸收。当水转化为蒸汽时，其体积会膨胀数百倍，形成一层膨胀性很大的水蒸气障挡层。这个障挡层能够隔离燃烧所需的氧气，使火源得不到足够的氧气供应，从而控制和扑灭火焰。同时，水蒸气在凝结过程中会释放大量热量，这有助于冷却火源，进一步达到灭火效果。

水蒸气灭火系统适用于多种类型的火灾。

（1）木材、纸张、布料等可燃物质。这些物质在燃烧时会产生大量氧气，有助于火势的扩大。水蒸气灭火可以有效地降低氧气浓度，从而熄灭火源。

（2）液体燃料、液压油、油漆、涂料等。这些物质易燃且火势可能很大，使用水蒸气灭火更加安全可靠。

（3）电气设备。如高压电缆、变压器等。水蒸气不会对电子设备产生腐蚀性的影响，因此适用于电气设备的灭火。

水蒸气灭火系统在某些场合下可能不适用，如遇水蒸气会发生剧烈化学反应或爆炸的生产工艺装置和设备，以及体积大、面积大的火灾，因为蒸汽的冷却作用在这些情况下可能不够显著。

4.4.3 氮气灭火系统

氮气灭火系统是通过氮气喷射嘴将高浓度氮气注入燃烧区域,使空间中的氧气浓度迅速降至10%以下,从而抑制燃烧反应,实现灭火。氮气灭火系统具有下列优点。

(1) 无残留物。氮气灭火后不会留下任何残留物,对设备和财产不会产生腐蚀或其他损坏。

(2) 适用范围广。氮气灭火系统广泛应用于各种环境,特别是那些不能使用水或传统灭火剂的场所,如服务器机房、电力设施等。

(3) 快速灭火。氮气能够迅速降低氧气浓度,从而快速抑制火势。

氮气灭火系统特别适用于电力变压器的油箱灭火。在变压器油箱内,上层的热油温度可达到160℃,而下层油温较低。如果能搅拌所有油,就可以降低油液表面的温度,进而消除高温区域,防止碳氢气体的生成。

思考题

1. 室外消火栓系统主要应布局在哪些区域?并列举几个具体的场所。

2. 列举出必须配备室内消火栓系统的建筑类型,并说明其设置要求。

3. 在哪些情况下建筑内可以不设置室内消火栓?请列举出几种情况并解释原因。

4. 对于室内没有生产或生活供水管道,且室外消防用水完全依赖储水池的建筑,如果其建筑体积不超过5 000m³,需要制定什么样的安全管理方案?

5. 综合考虑火灾风险和居住密度,为什么某些特定类型的建筑可以豁免设置室外消火栓系统?这一决策背后有哪些安全考量?

6. 在高层住宅建筑中,如果设置室内消火栓系统存在困难,可以选择什么替代方案来确保消防安全?

7. 当室内消防给水管道与室外日常生活给水管线相连接时,需要采取哪些技术措施来防止水质回流污染？

8. 简述高层建筑室内消火栓灭火系统的给水方式,并比较不分区和分区供水方式的优缺点。

9. 在确定室外消火栓的数量时,需要考虑哪些因素？每个消火栓的预计用水量是多少？

10. 如果室内消火栓出水口的压力超过一定值,需要采取什么措施？如果静水压力超过一定值,又应如何处理？

11. 为什么对于设有室内消火栓的建筑,如果其屋顶是平的,建议在平屋顶上安装用于测试和检查的消火栓？这样做有什么好处？

12. 哪些特定场合下自动喷水灭火系统并不适用？请解释原因。

13. 泡沫灭火剂有哪些种类？泡沫灭火系统主要由哪些部分构成？

第5章　建筑空调与集中空调系统

建筑空调用于调节室内环境，集中空调系统则集中处理空气并通过风道分配至各房间，适用于大型公共建筑，具有高品质空气处理、易管理和灵活控制的优势，为现代建筑创造舒适、健康的室内环境。

5.1　空气调节系统分类

随着科技的不断进步，空调生产技术也得到了日新月异的发展。这种技术的快速演变使得空调系统的种类变得异常丰富，从简单的窗式空调到复杂的中央空调系统，每一种都有其独特的设计和应用场景。对于空调系统的分类，需要从多个角度进行考虑。一方面，可以根据空调系统的设计和功能特点进行分类，如集中式空调系统、分体式空调系统、多联机空调系统等。另一方面，也可以根据空调系统的应用领域进行分类，如家用空调、商用空调、工业空调等。

5.1.1 根据空气处理设备的集中程度区分

5.1.1.1 集中式空调系统

一种高度集成的空调系统，它将所有的空气处理设备都集中在一个专门的机房内（图5-1）。根据送风方式的不同，集中式空调系统可以细分为单风道系统、双风道系统、定风量系统和变风量系统。这些系统类型适用于大型公共建筑，如商场、剧院和体育馆等，因为它们拥有强大的集中管理和调节能力，能够确保整个建筑内的温度和湿度保持在一个舒适的范围内。然而，集中式空调系统的一个主要缺点是它的风管系统相对复杂，需要占用较大的建筑空间来布置这些管道。

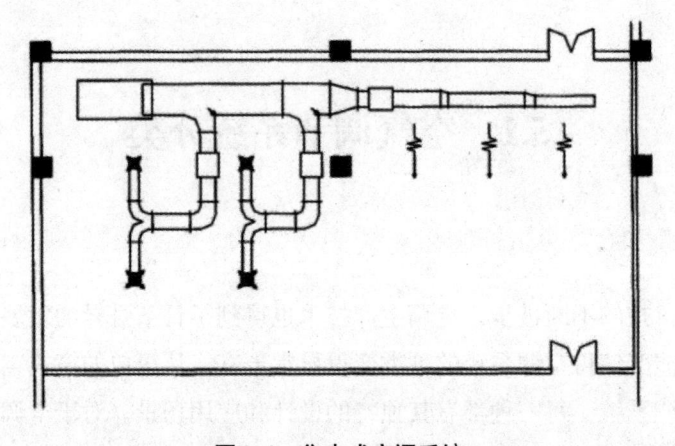

图5-1 集中式空调系统

5.1.1.2 半集中式空调系统

半集中式空调系统在各个空调房间内设置了处理空气的末端设备，可以根据房间内的具体需求对送入房间的空气进行再次处理，以满足特定的温度和湿度要求，如旅馆客房和写字楼办公室等。此外，由于半集中式空调系统的风管相对较小，布置灵活，占用的建筑空间也相对较少，这使得它在建筑设计中更受欢迎（图5-2）。

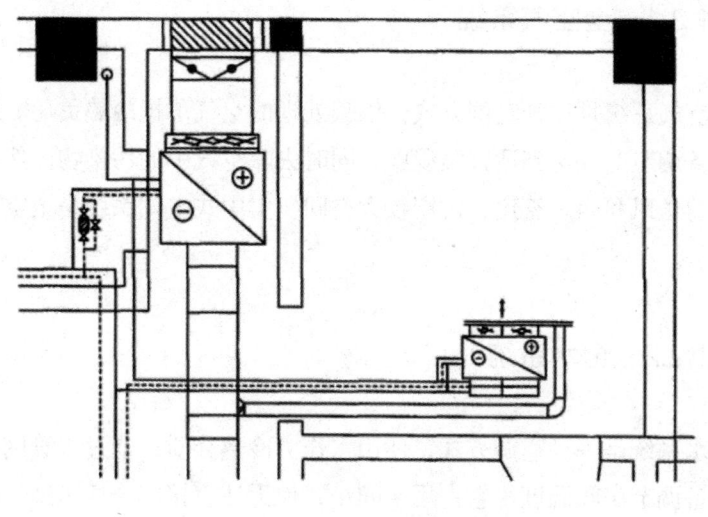

图5-2　半集中式空调系统

5.1.1.3　局部式空调系统

通常也被称为空调机组或空调机，是一种紧凑型的空调系统。它将冷热源、空气处理设备、风机和自动控制元件等所有关键组件都集成在一个箱体内，形成了一个独立的空调单元。这种系统安装方便，使用灵活，可以根据需要轻松安装在房间的任何位置或其相邻区域。局部式空调系统的典型代表是家用空调，它们广泛应用于家庭住宅中，为居住者提供舒适的室内环境。

集中式和半集中式空调系统统称为中央空调系统，它们可以根据建筑物的具体特点和需求进行单一或混合配置。中央空调系统不仅能够满足大型公共建筑的整体空调需求，还能够根据各个房间的具体情况进行灵活调节，确保每个区域都能达到最佳的舒适度。同时，中央空调系统的配置方式也非常灵活，可以根据建筑类型和使用需求进行个性化设计。

5.1.2 根据负担空调房间冷热负荷的介质区分

5.1.2.1 全空气系统

全空气系统是一种空调方式，依赖处理的空气承担冷热负荷。通过空气处理设备调节空气达到适宜温湿度，同时去除空气中的污染物。然而，它需要复杂的送风和回风管道，占用较大空间。集中式空调系统是全空气系统的代表。

5.1.2.2 全水系统

全水系统是一种空调方式，使用水作为冷热介质，通过水管网络输送到末端设备调节房间温度。它占用空间小，但无法直接解决通风换气问题，通常与其他系统结合使用。

5.1.2.3 空气—水系统

空气—水系统综合了全空气和全水系统的特点，用空气处理通风换气，用水调节温度。该系统保证空气质量，不占过多空间，能效高且灵活。风机盘管加新风系统是其典型应用。

5.1.2.4 制冷剂系统

制冷剂系统直接承担空调冷热负荷，常见于家用或小型商业空调。它结构紧凑、安装方便，但耗电量大且制冷剂可能对环境有负面影响，须注意节能和环保。

5.1.3　根据空气冷却盘管中的冷却介质区分

5.1.3.1　直接蒸发式系统

直接蒸发式系统是一种高效空调制冷方式，制冷剂在盘管内蒸发并与空气热交换，降低空气温度。适用于小型集中场合，如办公室、住宅和商店。优点包括响应快、温度控制精确、结构简单。但须注意制冷剂泄漏和占用空间问题，且不适用于分散或负荷变化大的场合。

5.1.3.2　间接冷却式系统

间接冷却式系统通过制冷剂在蒸发器内蒸发冷却冷冻水，再经风机盘管与空气热交换来冷却空气。它适用于大型、分散或自动控制要求高的场合，如办公楼、商场等。系统安全性高、灵活性强，能实现节能和精确温度控制，但相对复杂且投资成本高。

5.1.4　根据主送风道中空气的流速来分

在空调系统的设计和应用中，送风管道内的风速是一个重要的参数，它不仅影响着系统的运行效率，也直接关系到系统的舒适性和能耗。根据送风管道内风速的不同，空调系统通常被分为高速空调系统和低速空调系统两大类。

5.1.4.1　高速空调系统

风速达20m/s～30m/s，适合空间受限的场合。但风速增加导致压力和阻力增大，需大功率风机，能耗增加，且可能产生较大噪声，影响室内舒适性。

5.1.4.2 低速空调系统

风速低于12m/s，具有低能耗、低噪声和送风柔和的特点，适用于舒适性要求高的场合如住宅、办公室。

此外，中速系统则兼顾紧凑性和舒适性，适用于空间较宽松但对舒适性有要求的场合。

5.1.5 根据采用新风量的多少来分

在空调系统设计中，根据不同的应用场合和需求，可以选择不同类型的系统，其中直流式、闭式和混合式空调系统是最常见的三种。

5.1.5.1 直流式空调系统

直流式空调系统全部使用新风，无回风，卫生条件好但能耗高。适用于散发有害气体或对空气质量要求极高不宜用回风的场所，如厨房、实验室和医院手术室。

5.1.5.2 闭式空调系统

闭式空调系统仅处理再循环空气，不引入新风，能耗低但空气质量可能受影响。适用于对温湿度有明确要求但对空气质量要求不高的场所，如仓库或工厂车间。

5.1.5.3 混合式空调系统

混合式空调系统是直流式和闭式的结合，通过调节新风与回风的比例，灵活适应不同需求。它兼具了直流式卫生条件好和闭式能耗小的优点，能动态调节以实现最佳能效和舒适度，适用于办公楼、商业综合体及住宅楼等。

5.2　空调负荷计算与送风量

5.2.1　空调系统的冷负荷

在炎热的夏季，为了确保空调房间内的舒适度，需要消除室内多余的热量，即所谓的冷负荷。冷负荷是指为了维持室内设定的舒适温度，空调系统需要提供的制冷量。

5.2.1.1　围护结构的传热

外围护结构在太阳辐射和高温下会吸热升温，并将热量传递至室内。设计空调系统时须考虑其隔热性能与热传导系数，以减少热量传入。

5.2.1.2　外窗的日射得热

太阳辐射热经窗户进入室内，加热地面和家具，再通过辐射和对流使空气升温。选择窗户时须考虑其遮阳和隔热性能，以减少热量进入。

5.2.1.3　渗透空气带入的热量

自然或机械通风时，室外空气会带入热量影响室内温度。设计通风系统时须合理控制通风量和时间，减少渗透空气带入的热量。

5.2.1.4　室内设备和照明的散热量

电器设备和照明灯具会产生热量，选用时须注意散热性能和能效比，减少对室内温度的影响。

5.2.1.5　人体散热量

人体散热在密集场所对室温影响大，设计空调时须考虑。在初步设计时，因资料不全，常用冷负荷估算指标来大概计算系统容量。施工图阶段再根据具体条件详细计算，确保设计准确合理。

5.2.2　空调系统的湿负荷

为了维持室内环境的舒适度，将房间的湿度控制在一个适宜的范围内至关重要。这个过程中需要消除的室内湿量，我们称之为湿负荷。湿负荷的准确计算和管理对于确保室内相对湿度处于舒适区间内至关重要，因为适宜的湿度不仅能提升居住者的舒适度，还能保护建筑结构和室内物品免受潮湿带来的损害。

在设计和维护室内环境时，须充分考虑多种因素对室内湿度的影响。人体通过呼吸和皮肤蒸发释放水蒸气，设备在运行中也可能产生水蒸气，如厨房、浴室和洗衣房的设备。此外，室内的潮湿表面和液面如水池、鱼缸等同样会散湿。而室外空气中的水蒸气也会随着渗透空气进入室内。

为了保持室内湿度的适宜，需要采取一系列措施，如使用空调和除湿设备、增加通风量、控制潮湿表面和液面的湿度，以及在设计和安装设备时采取适当的措施来减少它们对室内湿度的影响。这些措施旨在确保室内湿度的稳定，提供舒适和健康的生活环境。

5.2.3　空调系统的送风量

根据空调系统的工作特点，送风量、新风量和回风量的关系为

$$送风量=新风量+回风量 \quad (5-1)$$

5.2.3.1　送风量的计算

在为空调房间送风时，不仅要确保风量能满足房间内所需的冷量，还需着重保证空气品质达到房间内的使用要求。满足冷负荷的送风量计算如下：

$$L = \frac{Q}{\rho C_p (t_n - t_o)} \quad (5-2)$$

式中，L为送风量，m^3/s；ρ为空气密度，kg/m^3；C_p为空气比热容，1.01kJ/(kg·℃)；Q为空调冷负荷，kW；t_n为室内设计温度，℃；t_o为送风温度，℃。

虽然降低送风量能减少空调系统的运行费用，但过小的送风量会导致送风温差增大，即送风温度显著降低。过低的送风温度不仅可能引发送风口结露和滴水问题，还可能给室内人员带来不适感，感觉像是直接吹冷风，并可能导致房间内温度分布不均，影响整体舒适度。因此，在调整送风量时需要权衡节能与舒适度。

5.2.3.2　满足空气品质的送风量

空调房间的空气品质对居住者舒适度和健康至关重要。为了保持优质的空气品质，需要引入适量的新风，并通过"换气次数"来衡量空气置换的频率。换气次数的设定须考虑房间功能、人员密度、污染物浓度和室内外温差等因素。高换气次数虽能提升空气品质，但也增加能耗。因此，在设计和运行空调系统时，应综合考虑空气品质、能耗和经济效益，以设定最佳换气次数。

空调房间的换气次数与送风量之间的关系为

$$L = n \cdot V \tag{5-3}$$

式中，L 为送风量，m^3/h；V 为空调房间的内部空间体积，m^3；n 为换气次数，次/h。

新风量的确定是空调系统设计中的关键，它直接影响室内空气质量、系统能耗和性能。国标《室内空气质量标准》（GB/T 18883—2022）为住宅、办公楼等舒适性空调场合设定了每人每小时至少 $30m^3$ 的新风量要求。对于民用建筑，须综合考虑换气次数和最少新风量来确定合理的新风量。中央空调系统则通常按总送风量的30%来确定新风量。特殊场合如工厂、车间须根据稀释浓度所需风量来确定新风量，以确保室内空气清新、舒适和安全。

5.3 集中式空调系统

集中式空调系统是一种将冷热媒体通过中央设备统一处理并分配到各个室内空调终端的系统。该系统主要由空气处理设备、冷凝机组、风机盘管等组成，通过空气处理设备对室外空气进行过滤、冷却或加热处理，以满足室内所需的温度和湿度条件。

集中式空调系统具有集中管理和控制多个空调终端的能力，能够提高能源利用率和运行效果。该系统适用于大型公共建筑，如商场、影剧院、体育馆等，因其具备空气处理品质高、维护管理方便、使用寿命长等特点而备受青睐。同时，集中式空调系统通过管道输送冷热媒体至各终端，减少了室内空调设备的安装数量和维护成本，为人们创造了一个舒适、健康的室内环境。

5.3.1 空气处理过程

在空调系统设计中,混合式系统因其灵活性和能效性而广受欢迎,无论是集中式空调系统还是局部空调机组。混合式系统的核心在于其处理的空气来源,即一部分来自室外的新鲜空气(新风),另一部分则是来自室内的空气(回风)。

混合式空调系统结合了新风和回风,减少了新风需求,降低了能耗,同时维持了室内空气的清新和舒适。系统分为单风管和双风管两种,其中单风管系统因结构简单、成本低而更常见。混合过程有一次回风式和二次回风式,前者简单易行,后者虽能更精确控制温湿度但结构复杂、成本高。设计时须根据具体需求和房间特点选择合适的方式,以确保系统高效、稳定和舒适。

5.3.2 空气处理设备

在空调工程中,热湿交换设备是实现空气温度、湿度调节的关键组件。这些设备通过不同的介质(如水、蒸汽、制冷剂等)与空气进行热湿交换,以达到所需的空气处理效果。

直接接触式热、湿交换设备通过介质(如水)直接喷洒到空气中进行热湿交换,喷水室是其中典型应用,能简单高效地实现空气加热、冷却、加湿和减湿。而表面式空气处理设备则通过空气与设备表面的接触进行热湿交换,如盘管式换热器和板式换热器,它们利用制冷剂、热水或蒸汽等介质在设备内部流动,实现空气温度调节和湿度控制,通常具有较高的能效比和稳定性。这两种设备各有特点,适用于不同的空调需求。在实际应用中,需要根据具体的空调需求和系统特点选择合适的热湿交换设备,以实现最佳的空气处理效果。

在空气加湿处理方面,可以采用集中加湿法,如喷水室、喷蒸汽加湿和水蒸发加湿等方式，也可在房间内进行局部加湿。对于空气减湿处理，则可以使用专门的空气除湿设备，如制冷除湿机。

在集中式空调系统和半集中式空调系统中，专门用于处理空气的设备称为空气处理机组。其中，组合式空调机组（空调箱）是最常用的形式之一。

组合式空调机组的设计理念体现在其高度模块化的构造上，由多个不同的功能段根据具体需要组合而成。组合式空调机组的选择和组合须基于室内空气处理的特定需求，以保障系统的高效运行和室内环境舒适度。技术上，空调机组要求使用软化水以防管道和设备水垢与锈蚀；新风机组在低温下运行须采取防冻措施，如预热、保温和循环，避免结冰；机组须设有排水口并保持排水畅通；风机出口应配置200~300mm的软接头，以减少振动影响和适应微小位移。这些措施共同确保空调机组的高效、稳定和安全运行。

5.3.3 空调风系统

5.3.3.1 空调房间的气流组织

气流组织指空调房内的空气流动分布，为实现温度均匀、湿度控制和空气清洁等目标，须通过技术措施设计特定气流流型。送风口设计是关键，分侧送风口和散流器两大类。

侧送风口包括格栅式和百叶式，其中格栅式简单但调节困难，多用作回风口；百叶式更复杂，如单层百叶配合过滤网使用，双层百叶可调风量，适用于风机盘管和中央空调送风末端。三层百叶送风口则更为高级，既可以调节风量，也可以调节风向，不过在实际应用中相对较少使用。条缝型风口通常与静压箱结合使用，常作为风机盘管或诱导器的出口。

散流器的形状多样，常见的有圆形、方形和矩形三种。散流器的设计也各有特点，例如直片式散流器，它可以产生平行或向下的送风流型。此外，还有一种送吸式散流器，它将送风口和回风口结合在一起，产生平行流型的气流。

由于回风口附近的气流速度会急剧下降，对室内气流组织的影响相对较小，因此其构造相对简单。常见的回风口类型包括矩形网式回风口和格栅式回风口。

5.3.3.2 通风系统的主要设备和构件

在通风空调工程中，风管作为主要输送空气的通道，通常采用金属板材、硬聚乙烯板或玻璃钢等材料制成，其尺寸以内径或内边长为准。与之相似但有所区别的是风道，它主要由砖、混凝土等建筑材料制成，尺寸以外径或外边长为准，同样在建筑内部起到输送空气的作用。此外，通风空调系统中还包括各类部件，如风口、阀门、支、吊、托架等，这些部件负责调节、支撑和连接系统各部分。最后，金属附件如螺栓、铆钉等则用于连接和固定风管与其他部件，以确保系统的稳定性和可靠性。

通风空调工程中常用材料有白铁皮、铝合金板、不锈钢板、塑料、不燃玻璃钢和复合玻璃纤维风管。矩形风管常用于低速系统，圆形风管多用于高速系统。通风机是关键设备，离心式风机适用于阻力大系统，轴流式风机用于阻力小系统。风机进出口应设软接头，材料可选人造革或帆布。常用阀门有闸板阀和蝶阀，防火阀用于火灾时切断气流。保温材料须具备导热系数小、质量轻等特点，如聚乙烯泡沫塑料、玻璃棉等。非空调区所有风管、水管、设备应保温并覆盖防水隔气层。

5.3.3.3 通风系统中风管的制作和安装

（1）薄钢板连接。薄钢板连接主要有三种方式：拼接、闭合接和延长接。拼接通过连接两张钢板的板边来增大整体面积，适用于需要大面积覆盖的场合。闭合接则应用于板材卷成风管或配件时，确保卷边或接口处紧密连接，以保持结构的完整性和密封性。延长接则专注于将多段风管连接成连续的管路系统，满足长距离或复杂布局的通风需求。

在风管连接方面，咬口连接因其广泛的应用而备受瞩目。咬口连接又可分为手工咬口和机械咬口两种方式。手工咬口虽然制作速度较慢，但因其灵活性高，多适用于小型工程。而机械咬口则以其施工进度快的特点，成为大型工程或批量生产的首选。除了咬口连接，铆钉连接和焊接也是常见的连接方式，但咬口连接以其独特的优势在风管连接领域占据主导地位。

①咬口连接。咬口连接是一种广泛应用于板材厚度 $\delta \leqslant 1.2$mm的薄钢板连接方式。它通过特定的工具或机器在板材边缘形成特定的形状，使两块板材边缘能够紧密咬合在一起，形成牢固的连接。空调风管的连接方式多种多样，以满足不同形状和功能的需求。单平咬口适用于板材拼接和圆风管纵向闭合；单立咬口则用于圆风管端头环向接缝；转角咬口主要解决矩形风管、弯管和三通转角处的连接；联合角咬口特别适用于有曲率的矩形弯管；而按扣式咬口则简便快捷地实现矩形风管和配件的转角闭合。这些连接方式在确保连接牢固性和密封性的同时，也考虑到了操作的简便性和效率。

②铆钉连接。铆钉连接，通过手提电动液压铆接机实现，广泛应用于风管与法兰的固定连接。这种连接方式凭借铆钉的紧固作用，确保了连接的牢固性和密封性，特别适用于需要承受压力和振动的场合。

③焊接。焊接是一种通过熔化板材边缘并使其冷却固化以连接的方法。根据板材材质和厚度，焊接主要分为气焊、电焊和氩弧焊。气焊适用于薄钢板，使用可燃气体和氧气作为热源，操作简便但技能依赖性强。电焊适用于较厚板材及风管法兰连接，利用电能产生电弧实现快速稳定焊接。氩弧焊则特别适用于不锈钢和铝板，以其高质量和美观焊缝在高端应用中脱颖而出。

（2）风管连接的技术要求。

①玻璃钢风管与塑料风管的连接方式。玻璃钢风管因其特殊材质和强度需求，常采用法兰连接，保证稳固且便于安装拆卸；而塑料风管则因其可塑性和焊接性，常采用焊接连接，确保密封性和整体性，减少漏风。

②法兰接口与垫料的使用。在每节风管的两端两法兰接口之间加衬垫是为了保证风管的密封性和减少漏风。垫料的厚度通常为3~5 mm，以适应不同规格和材质的风管。目前，泡沫氯丁橡胶垫作为一种广泛使用的法兰垫料，具有优良的密封性和耐腐蚀性。这种垫料可以加工成扁条状，宽度为20~30mm，厚度根据需要而定。垫料一面带有粘胶，方便粘贴在法兰上，提高施工效率和密封效果。

③风管的加固措施。针对大管径风管的加固需求，为了防止其变形并减少振动产生的噪声，我们采取了以下加固措施：

对于圆形风管，当直径超过700mm且法兰间距较大时，我们会每隔1.2m设置一个25×4的扁钢加固圈。这些加固圈通过铆钉牢固地固定在风管上，以确保其稳定性。

对于矩形风管，如果其边长超过630mm且长度超过1.2m，我们会使用角钢加固框进行加固。具体而言，当风管边长在1 000mm以内时，我们使用25×4的角钢；当边长大于1 000mm时，则使用30×4的角钢。这些加固框被铆接在风管的外侧，以确保其牢固稳定，有效防止风管变形和减少振动噪声。

④风管的密封。风管的密封是系统正常运行和节能的关键。主要应确保板材连接处密封良好，可通过均匀涂抹密封胶来填充缝隙，达到理想密封效果。密封胶的选择须根据风管材质和工作环境，以确保其黏附性和耐腐蚀性。

⑤测孔的设置与安装。风管测孔是测量和调节风量的关键，应在安装前按要求设置并确保其结合严密牢固。临时钻孔并用橡皮塞或胶带封堵的做法不仅影响施工质量，还可能损害风管的密封性和寿命。因此，应在施工前预设测孔，并采用适当连接方式确保其严密性和牢固性。

（3）风管的安装。为追求施工效率和便捷性，通常采用分段吊装方式，即在地面上将风管连接成10~12m长的段落后进行吊装，并按照干管、支管和立管的顺序逐步组装整个系统。安装过程中，须特别注意法兰连接的密封性，接口伸出长度应满足连接需求，且风管应沿室内楼板、墙和柱子合理敷设，采用适当数量和位置的固定件确保稳固。同时，预留孔洞的设计和施工也不容忽视，以避免后期对建筑结构造成损害。总之，风管的安装必须严格遵守规范和要求，细致处理每个细节，以确保系统的正常运行和长期稳定性。

（4）风管的严密性检验。对于一般舒适性空调这样的低压系统，其严密性检验通常采用抽检法，以确保系统的高效性和节能性。

抽检法是一种基于统计学原理的检验方法，通过从总体中随机抽取部分样本进行测试，然后根据测试结果推断总体质量的方法。在空调系统的严密性检验中，抽检率一般设定为5%，这意味着需要至少检测一个系统作为样本。

漏光法检测是低压系统严密性检验中常用的一种方法。该方法通过检查系统是否有漏光点来判断其严密性。

①光源准备。检测时采用不低于100W带保护罩的低压照明灯作为光源。这种光源能够提供足够的光线，同时保护眼睛免受强光刺激。

②检测环境。检测时，光源可以置于风管的内侧或外侧，但相对侧应为暗黑环境。这样有利于观察是否有光线从风管接缝处漏出。检测光源应沿被检测部件与接缝缓慢移动，以便全面检查。

③漏光点记录。如果在检测过程中发现有光线射出，说明存在漏风部位。此时应记录漏光点的位置和数量，以便后续进行修复。

④分段检测与汇总分析。为了提高检测效率，风管通常采用分段检测、汇总分析的方法。低压系统风管每10m接缝，漏光点不应超过2个，且100m接缝平均不应大于16处。这样的标准有助于确保系统的严密性。

⑤密封处理。在漏光检测中如发现条缝形漏光，应立即进行密封处理。密封材料应根据实际情况选择，确保密封效果可靠。

漏光法检测虽然简单易行，但具有一定的局限性。例如，它只能检测到明显的漏风点，对于微小的缝隙可能无法检测出来。因此，在必要时还需要结合其他检测方法进行综合评估。

5.3.3.4 通风系统中的阀门安装

（1）风管蝶阀。风管蝶阀（通常称为蝶阀）是一种结构简单的调节阀，广泛应用于通风、空调系统中。根据结构形式，蝶阀可以分为手柄式和拉链式两种。阀板与壳体的间隙应均匀控制在2mm左右，以确保阀门关闭严密，同时避免安装后因间隙过大或过小导致的碰擦或卡死问题。拉链式蝶阀的链条长度应根据安装位置的高度进行精确配置，以确保操作便利且不影响阀门的正常运行。

（2）三通调节阀。三通调节阀主要用于控制两条风管的风量分配。拉杆或手柄的转轴与风管接合处应确保严密，避免漏风现象。拉杆应能在任意位置上固定，手柄开关应标明调节的高度，以便于后续操作和维护。同时，阀板在调节过程中不得与风管碰擦，以保证调节的顺畅和安全性。

（3）多叶调节阀。多叶调节阀主要用于控制风量大小，其叶片可以灵活调节。安装时应确保叶片间距均匀，关闭时叶片应相互贴合，搭接一致，以确保风量控制的准确性。叶片应能够灵活调节，不应出现卡滞或碰擦现象，以保证系统的正常运行。

（4）防火阀。防火阀是一种在火灾时能够自动关闭以切断火势蔓延的阀门。安装时，防火阀的易熔片应朝向火灾危险性较大的一侧，以确保在火灾发生时能够迅速熔断并关闭阀门。防火阀有重力式和弹簧式之分，其中重力式又分为水平安装和垂直安装两种，以及左式和右式之分。安装时应根据具体情况选择合适的类型和安装方式，并确保安装方向正确。防火阀在安装后应确保其密封性能良好，不得出现漏风现象。同时，应定期检查和维护防火阀，确保其能够在火灾时正常工作。

5.4 半集中式空调系统

5.4.1 风机盘管和新风处理机组

5.4.1.1 风机盘管

风机盘管式空调系统是一种广泛应用于空调工程中的系统，它除了依赖集中的空调机房外，还在每个空调房间内设有风机盘管机组来二次处理空气。这种系统通常需要新风处理机组来处理并引入一定的新风量，这些机组通常设置在空调机房内。风机盘管机组主要由风机和热交换盘管（具备冷却和加热功能）组成，其中热交换盘管是影响系统性能的关键部件，负责冷、热媒水与空气进行热湿交换。

热交换盘管的性能受结构、尺寸、风速、水流速及加工工艺等影响。风机作为关键设备，通常采用前弯式离心或贯流风机，配备独立控制、单相电容调速电机，支持三档风量调节。新型无刷直流电机在节能、降噪和无级调速上表现优越。风机盘管机组就地处理空气，容量大，常湿工况运行。结构形式有立式、卧式和吊顶式，安装分明装和暗装，容量范围涵盖风量 250～850 m³/h、冷量2.3kW～7kW等，满足多种室内需求。

风机盘管机组新风供给方式有多种，如图5-3所示。

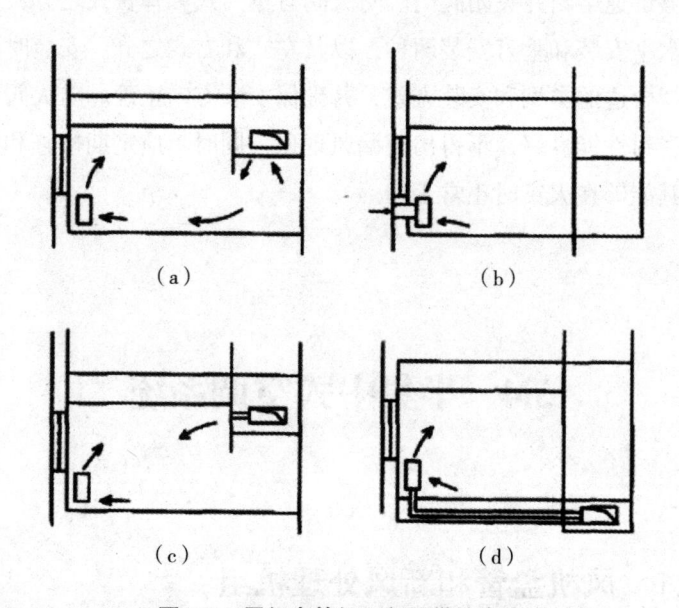

图5-3 风机盘管机组新风供给方式

风机盘管空调系统是一种常见的空调系统类型，它主要依赖风机盘管机组来调节室内温度和湿度。该系统具有多种送风和新风引入方式，以满足不同场合的需求。在设计和应用时，需要根据实际情况选择合适的送风和新风引入方式、水系统形式以及调节方式，以达到最佳的空调效果和节能效益。

在通风空调工程中，送风和新风的引入方式以及风机盘管水系统形式和调节方式的选择至关重要。首先，关于送风与新风引入方式，有多种方法可供选择。靠室外渗入新风的方式经济但室内卫生条件较差；墙洞引入新风方式则通过墙上的可调节新风口直接引入新风，适用于空调要求不高的房间；独立新风系统供给方式是目前应用较多的选择，通过处理新风到特定状态后送入室内，能够满足房间的新风需求；而将新风直接供给到风机盘管机组进口处的方式则较少使用。

在风机盘管水系统形式上，二管制和四管制是两种常见形式。二管制系统冷、热水共用一套盘管，通过系统切换实现冬夏季运行；而四管制系统则设有冷、热两套盘管，能够同时提供冷、热两种功能。

风机盘管机组的调节方式包括三档风速调节、变频无级调节、水量调节和旁通风门调节。三档风速调节简单方便但调节范围有限；变频无级调节具有调节范围大、控制精度高和节能显著的特点；水量调节则通过自动调节水量或水温实现，对控制及执行元件要求较高；旁通风门调节则较少在国内应用，但能实现均匀的气流分布。

风机盘管空调系统具有布置灵活、各房间独立调节室温的优点，适用于空调面积大、房间多的场合，尤其适合对湿度要求较低的场合。然而，该系统对风机盘管机组的制造质量要求较高，且系统维护和管理相对复杂。因此，在设计和选择时须综合考虑各种因素，以确保系统的稳定性和高效性。

5.4.1.2 新风处理机组

在风机盘管加新风的半集中式空调系统中，新风处理机组至关重要。它专门用于处理室外新风，确保温度、湿度和清洁度满足室内要求。新风处理机组包含空气过滤器、表冷器/加热器、加湿器/去湿器、风机和控制系统，能够去除杂质、调节温湿度，并通过风机将处理后的新风送入室内。其设计须考虑建筑结构、功能、使用需求及室内环境要求，与风机盘管等设备协调，确保整个空调系统高效稳定运行，提供舒适健康的室内环境。

5.4.2 空调水系统

空调水系统的合理设计和运行至关重要。这包括水系统的布置、系统的运行状况、管路和设备的选择、投资与运行费用的权衡、节能措施的实施、安全性的保障以及维护管理的有效性等方面。空调水系统，作为传递冷量或热量的媒介，主要由冷冻水系统和冷却水系统组成，其设计和管理直接影响到整个空调系统的效率和性能。

5.4.2.1 冷冻水系统的类型

空调冷冻水系统是一个完整的循环系统，其核心组成部分包括制冷机组的蒸发器、高效运行的冷冻水泵、精心设计的供回水管道网络、负责温度调节的空气处理机组，以及确保水流均衡分配的分水器和集水器。整个系统协同工作，旨在向空调用户提供稳定且充足的冷量。

（1）根据输送冷热媒管道供。空调回水管系统在设计和功能上多样，主要包括双水管系统、三水管系统和四水管系统。双水管系统因其结构简单、初始投资低，在国内多数工程项目中得到广泛应用。然而，它在过渡季节难以满足各房间因日照差异而产生的不同冷暖需求，通常需通过建筑物分区来优化效果。三水管系统则为每个风机盘管提供冷、热两条供水管，共用一根回水管，虽适应性强，但冷热回水混合损失导致运行效率降低，且系统水力工况复杂，初始投资高，因此并不常见。四水管系统具有独立的冷热供回水管，全年可灵活使用冷水和热水，避免了三水管系统的混合损失问题，但初始投资高，管道占用空间大，国内仅部分高级宾馆采用，且运行效果有时并不理想，很多情况下仍按双管系统运行。这些系统各有优劣，选择时须根据具体需求和条件进行权衡。

（2）根据系统中的循环水管路是否与大气直接接触。空调水系统分为开放式（开式系统）和密闭式（闭式系统）。开放式系统水与大气直接接触，回水流入水池后经水泵处理再输送至系统，但易产生污垢和腐蚀，且系统复杂、耗电多。它常见于喷水室空调箱和蓄冷系统。而密闭式系统水在系统中密闭循环，不与大气接触，仅须在最高点设置膨胀水箱。该系统不易产生污垢和腐蚀，管路简单，且水泵耗电量小。它多应用于表冷器和风机盘管系统。

（3）根据环路中管路的长度相等与否。空调水系统根据管路的布置方式主要可分为异程式系统和同程式系统。同程式水系统是一种设计方式，其中每个环路中的管路长度相等，因此减少了阻力平衡调整的需求。它可细分为水平同程和垂直同程两种类型，特别适用于高层建筑，作为一种有效的均压设计方法。而异程式水系统则指每个环路中的管路长度不相等，需要进行阻力平衡的调整。

虽然异程式系统管路布置相对简单，降低了水系统的投资成本，但当房间盘管之间存在不同的阻力或系统较小、层数较低时，须使用流量调节阀来平衡阻力。在高层建筑中，当层数多且须竖向划分成多个水系统，或中间层无技术夹层或设备层时，可采用同程和异程相结合的混合水系统。这种布置方式不仅易于在高层建筑中布置，还能在一定程度上平衡各盘管之间的阻力，通过盘管前的流量调节阀门解决上层系统中同一立管上各盘管之间的阻力不平衡问题。

（4）根据是否改变系统循环水量来调节空调负荷。空调水系统可以根据其流量调节方式划分为定流量系统和变流量系统。定流量系统保持系统中的循环流量为固定值，通常通过在水路上设置三通阀门并改变供回水的温差来调节负荷。另一种常见的做法则是保持流入风机盘管的水量恒定，仅通过调整风机转速来应对用户负荷的变化。虽然定流量系统操作简单，但在某些情况下可能因无法精确匹配负荷需求而导致能耗较大。

相对而言，变流量系统则通过保持供、回水温度不变，并在水路上设置二通阀门来调节负荷。通过改变流入风机盘管的水量，系统能够更灵活地应对负荷变化。为了确保冷水机组的流量稳定，变流量系统通常会使用一根旁通管，而空调用户侧则处于变流量状态。虽然变流量系统具有更高的灵活性，但也可能因需要频繁调节水泵流量而导致水泵的耗电量增加。

因此，在选择空调水系统时，需要根据具体的应用场景和需求来权衡定流量系统和变流量系统的优缺点，以确保系统的性能和节能效果。

5.4.2.2 空调水系统分区

在高层建筑中,空调水系统的设计和分区是一项至关重要的任务。通常,这些系统按照垂直高度进行分区,其中每80m作为一个常见的分区界限。这一选择主要是基于普通风机盘管的耐压能力,通常为1.0 MPa。

在实际工程项目中,我们经常会遇到接近100m高度的建筑。如果严格按照80m进行分区设计,可能会导致系统变得过于复杂,并且增加工程造价。为了解决这个问题,一个可行的方案是适当提高下部高压区设备、管道及附件的承压能力,从而允许系统不分区,即采用一泵到顶的设计。这种设计方案不仅运行管理方便,而且设备的备用性也得到了提升。

对于纯住宅功能的高层建筑,由于通常不设中间设备层,我们可以将上区的冷、热源设备放置在塔楼顶层,而下区的设备则放在地下室。当然,另一种选择是将两个区的冷热源设备都集中放置在地下室。在这种布局中,上区的冷热源及循环泵需要采用耐高压设备,而其他设备和附件则可以使用普通耐压的型号。

对于那些具有中间设备层的超高层住宅或综合性高层建筑,如部分住宅、部分写字间或客房,可以将冷热源设备层设置在中间设备层,并分别向上下区供水。另一种方案是将冷热源设备设置在低层或地下室,并在设备层设置板式换热器来向上区供水。

5.4.2.3 空调冷却水系统

空调冷却水系统是大型制冷设备的关键部分,包括冷却塔、冷却水泵、循环管道和补水系统,旨在向制冷机组冷凝器提供冷却用水。冷却塔通过空气与水的热交换降低水温,确保水质不受污染并实现水的重复利用。其中,开敞式冷却塔如逆流式和直交叉式,通过不同的水流和空气流动设计提高热交换效率。安装时,冷却塔应置于空气流畅、无阻碍物的位置,以优化冷却效果。同时,由于冷却塔在运行过程中会产生一定的噪声和水滴飞溅,因此应避免将其安装在需要低噪声或不允许水滴飞溅的区域,如厨房等排风口有高温空气排出的地方。

此外，冷却塔与烟囱应保持一定距离，以防止烟气对冷却塔产生影响，同时也有利于保持空气流通。对于冷却塔补水量的问题，一般应为冷却塔循环水量的1%~3%，以确保系统正常运行。同时，为了防止系统腐蚀，对冷却水和补给水质也有一定的要求。

当多台冷却塔并联使用时，为了避免因并联管路阻力不平衡造成的水量分配不均等现象，应在各进水管上设置阀门，用以调节水量。出水干管一般比进水干管大2号，以确保各冷却塔出水均衡，从而提高整个系统的运行效率。

5.4.2.4　空调水系统连接及安装

空调系统中的水管材料选择对于系统的性能和寿命至关重要。无缝钢管和焊接钢管是两种常用的水管材料，它们各自具有独特的特性和适用场景。

无缝钢管以其高强度和耐压性能在空调系统中占据重要地位，其标称以外径和壁厚表示。焊接钢管则用于流体输送，镀锌后具有防锈蚀性能。而在空调系统中，塑料管因刚度和线膨胀系数问题须谨慎使用，特别是在考虑环境温度和介质温度变化时，以避免变形和漏水问题。

在阀门的选择上，闸板阀（闸阀）、球形阀（截止阀）和蝶阀是常用的类型。闸板阀主要用于关断流体，无安装方向要求；球形阀主要用于控制流量，安装时须注意低进高出的方向；蝶阀则在管径大于100mm时常用，兼具控制流量和关断的功能。

管道连接时，小管径常用螺纹连接，大管径则多用法兰连接和焊接。安装须遵循国家标准，清除污物和锈蚀，封闭保护开口，完成后进行系统冲洗和水压试验。为提高安全性和减少能量损失，冷水、热水和蒸汽管路须进行保温处理，常用材料包括软质聚氨酯泡沫塑料、离心玻璃棉、聚氨酯、聚乙烯和橡塑，其中橡塑材料因其优良性能成为住宅空调的理想选择。

此外，空调系统水管的清洗也是维护系统正常运行的重要措施。清洗方法包括自动化处理和人工投药处理两种，具体选择须根据系统情况和清洗要求确定。通过定期清洗，可以有效去除管道内的污垢和杂质，保证系统的正常运行和延长使用寿命。

5.4.2.5 冷冻水系统举例

图5-4为某酒店的冷冻水系统，其核心组件包括3台冷水机组和3台冷却塔。这个系统的设计主要是为了满足酒店夏季制冷的需求。冷却塔的运作原理十分简单且高效：冷却水从冷却塔流出，进入冷水机组的冷凝器，吸收制冷剂释放的热量后，温度上升。接着，这些热水返回冷却塔，与塔外的空气进行热交换，从而降低水温，形成循环。

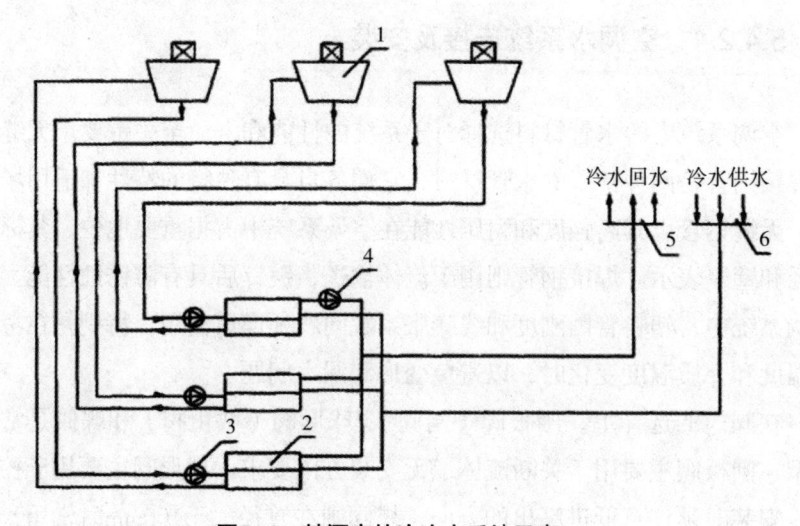

图5-4　某酒店的冷冻水系统示意

1—冷却塔　2—冷水机组　3—冷却水泵　4—冷冻水泵　5—集水器　6—分水器

与此同时，冷冻回水被泵送至冷水机组的蒸发器中。在蒸发器内，制冷剂吸收冷冻回水的热量，使其温度降低。随后，这些低温的冷冻水被送入酒店的空调设备中，与室内的空气进行热交换，达到降温的效果。完成热交换后，冷冻水再次回到冷水机组进行下一轮循环，整个过程周而复始。

与图5-4的冷冻水系统相似，图5-5同样包含3台冷水机组和3台冷却塔，但增加了热交换设备，以满足酒店冬季的供热需求。在夏季，该系统的运作方式与图5-4相同，主要进行制冷。然而，到了冬季，系统切换到供热模式。

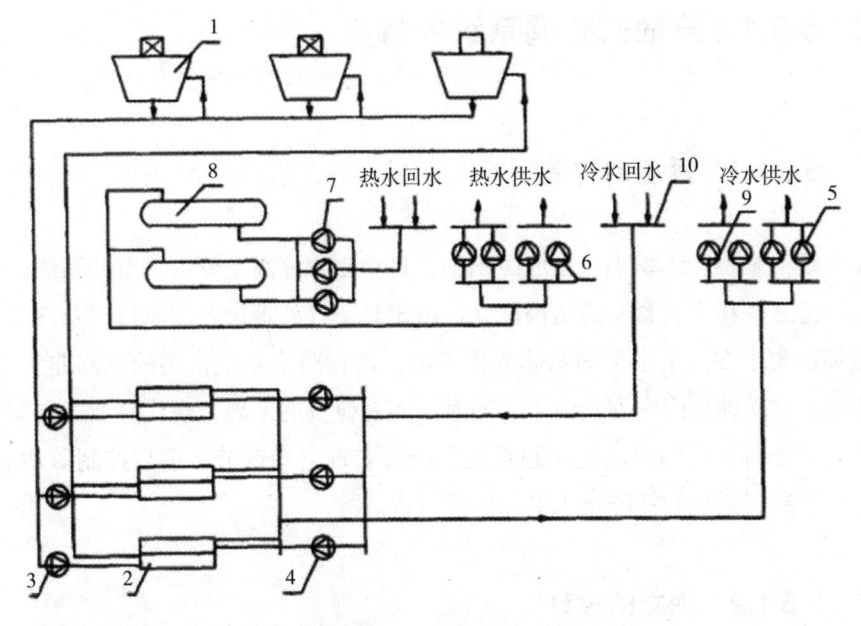

图5-5 某酒店冷冻水及热水系统原理

1—冷却塔 2—冷水机组 3—冷却水泵 4—冷冻水一次泵 5—冷冻水二次泵
6—热水二次泵 7—热水一次泵 8—热交换器 9—分水器 10—集水器

在供热模式下，锅炉房提供的热水或蒸汽进入热交换设备。在热交换设备中，这些高温的热水或蒸汽与冷冻水进行热交换，将冷冻水加热至适合供热的温度。随后，这些加热后的水被送入酒店的热用户，如客房、大堂等区域，为酒店提供温暖的室内环境。通过这种设计，酒店能够在不同季节提供舒适的室内环境，满足客人的需求。

5.5 分散式空调系统

分散式空调系统，也被称为局部空调系统，其核心特点在于将空气处理设备全部独立安装在各个空调房间内。

5.5.1 分散式空调系统的特点

5.5.1.1 紧凑的构造

结构紧凑、体积小、占地面积小、自动化程度高。分散式空调系统的最大优势之一在于其紧凑的结构设计。由于其空气处理设备、风机以及冷、热源等都集中在一个小型的箱体或机组内，使得整个系统占用的空间非常小，适合在有限的空间内安装使用。同时，随着科技的发展，现代分散式空调系统大多配备先进的自动化控制系统，能够实现自动调节、远程控制等功能，大大提高了系统的智能化水平和使用效率。

5.5.1.2 独立的设计

操作简单、使用灵活、方便，各房间互不干扰。由于分散式空调系统的机组是分散布置在各个房间内的，因此每个房间都可以根据自己的需要独立控制其空调机组的运行状态。这种设计使得系统操作变得非常简单和方便，用户可以根据自己的舒适度要求来开关空调机组，实现个性化的温度控制。同时，由于各房间之间的空调机组是相互独立的，因此也不会产生相互污染和声音串扰的问题，使得居住和工作环境更加安静舒适。此外，在火灾等紧急情况下，分散式空调系统也不会通过风道蔓延，从而保证了建筑的安全性。

5.5.1.3 对建筑外观和室内环境有影响

分散式空调系统虽具优势，但亦存缺陷。其需要为每个房间安装机组，可能影响建筑立面美观性，且运行中产生的噪声和凝结水若处理不当，会污染室内环境。因此，在选择和使用时，应权衡利弊，合理设计与安装。

5.5.2 构造和类型

5.5.2.1 按容量大小分类的空调系统

分散式空调系统根据容量大小的不同，可以细分为窗式空调、挂壁机和吊装机以及立柜式空调等类型，每种类型都有其特定的应用场景和优点。窗式空调适用于小型空间，如卧室或办公室，其冷量小、安装方便，常直接安装在窗户上。挂壁机和吊装机则适用于稍大的空间，挂壁机安装于墙壁，不占地面空间，适合普通房间；吊装机通过吊顶安装，更为隐蔽，适合对美观有要求的场所。而立柜式空调容量较大，适用于会议室、办公室等大型空间，其冷量大、风量大，机组可放置于室外以减少室内噪声。这些不同类型的分散式空调系统为不同空间提供了灵活多样的解决方案。

5.5.2.2 按制冷设备冷凝器的冷却方式分类

水冷式空调器和风冷式空调器是两种常见的空调类型，它们分别采用不同的冷却介质。水冷式空调器使用水作为冷却介质，适用于容量较大的空调系统，散热效果好，但安装和维护成本较高，且需要用户具备水源和冷却塔以提供冷却水。相对而言，风冷式空调器则使用空气作为冷却介质，无须额外的水源，安装和维护成本较低。对于容量较小的风冷式空调机组，如窗式空调，其冷凝器直接设置在室外部分，利用室外空气进行冷却。而容量较大的风冷式空调机组则需要在室外设置独立的风冷冷凝器（分体式）。风冷式空调器不受水源条件的限制，因此更为灵活和便捷。

5.5.2.3 按供热方式分类

普通式空调和热泵式空调在供暖方式上有所不同。普通式空调在冬季通过电加热器加热空气来实现供暖，这种方法虽然简单直接，但电加热器的能耗较高，导致使用成本也相应增加。而热泵式空调在冬季则采用更为节能的方式,它仍然利用制冷机工作,但通过四通阀的转换,使制冷剂逆向循环。这样一来,原本在制冷时作为蒸发器的部件变为冷凝器,而原本的冷凝器则变为蒸发器。当空气流过这个变为冷凝器的部件时,会被加热并用于供暖。这种热泵式空调在冬季供暖时具有较高的能效比,能够显著节省能源。

5.5.2.4 按机组的整体性分类

整体式空调和分体式空调是两种常见的空调类型,它们在结构和安装上有所不同。整体式空调集成度高,操作灵活但噪声大。分体式空调压缩机等室外放置,减少室内噪声和振动,且室内机尺寸小,安装灵活,可壁挂、吊顶或落地,适应不同场所。

5.5.3 机组的性能和应用

5.5.3.1 空调机组的能效比(EER)

空调机组的能耗指标可用能效比来评价:

$$能效比(EER) = \frac{机组名义工况下制冷量(W)}{整机的功率消耗(W)} \quad (5-4)$$

机组的名义工况制冷量是按国家标准在特定环境条件下测得的制冷量,模拟实际运行状况。这一测量对评估空调机组性能至关重要,为消费者提供了标准化比较依据,也是制造商须满足的基本性能指标。目前市场上空调机组在名义工况下的能效比一般为2.9~3.6,能效比越高越节能高效,有助于降低用户运行成本并符合全球节能减排趋势。

5.5.3.2　空调机组的选择及应用

选择空调机组时，须综合考虑气候、使用条件和房间要求。北方寒冷地区可选单冷式或热泵型机组，南方则优选热泵型机组。对于负荷变化大、使用季节长的场所，变频空调器是高效节能之选。选择型号时，须根据房间的设计参数、负荷、面积、高度、朝向和人员密度等因素，结合产品样本计算实际负荷需求，确保所选机组满足实际需求。

思考题

1. 不同介质在负担空调房间冷热负荷时有何区别？这些区别如何影响空调系统的设计和运行效率？
2. 主送风道中空气流速对空调系统性能有何影响？如何根据实际需求调整送风风速以达到最佳效果？
3. 如何准确计算空调系统的冷负荷和湿负荷？这些负荷的计算对系统设计和运行有何重要意义？
4. 在满足空气品质的前提下，如何合理确定送风量以避免能源浪费？
5. 集中式空调系统的空气处理过程主要包括哪些步骤？每个步骤的作用是什么？
6. 冷冻水系统的不同类型（如开式、闭式）各有何优缺点？在实际应用中如何选择？
7. 分散式空调系统相比集中式系统有哪些显著特点？这些特点如何影响其适用场景和性能表现？

第6章 建筑供暖与通风系统

建筑供暖与通风系统是保障室内舒适和安全的重要设施。本章将介绍供暖系统的热水和热辐射方式，以及通风系统的自然、机械、局部、全面和置换通风方法。同时还会探讨建筑防烟的关键措施。

6.1 建筑供暖系统

6.1.1 热水供暖系统

热水供暖系统作为建筑供暖的主流技术，通过循环热水来传递热能，实现室内环境的温暖舒适。这一系统依赖于一系列精心设计的组件，包括热源、管道网络、散热设备以及控制系统，共同协作以确保热能的高效传输和分配。热水供暖系统可以根据其循环机制的不同，分为重力（自然）循环和机械循环两大类。

6.1.1.1 重力（自然）循环供暖系统

图6-1展示了重力循环供暖系统的运作流程。系统启动前，须先注满冷水。水在锅炉中被加热后，密度会降低，使得热水能够沿着供水主立管上升并抵达

供水主管道。随着体积的膨胀，多余的水会流入膨胀水箱。在坡度和密度差异的作用下，水从供水主管道流入供水立管，进而分散到各个散热器中。

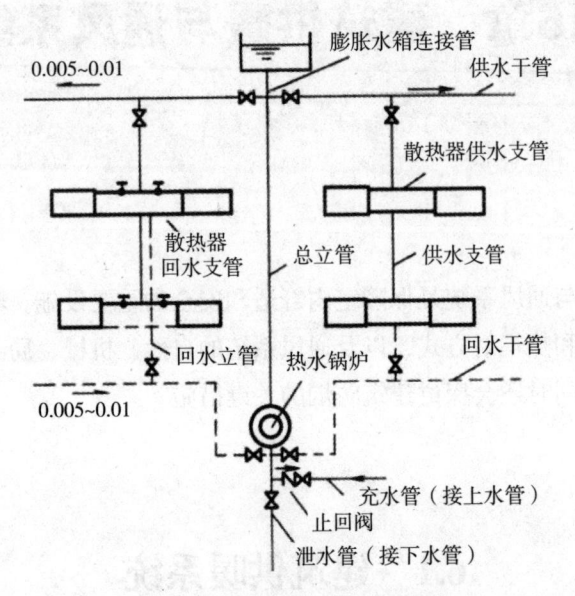

图6-1 重力循环供暖系统示意

当水在散热器中释放热量给室内空气时，其温度会下降，密度随之增加，这推动水向下流动，进入回水立管，并最终通过回水主管道回流到锅炉中。这一过程是连续的：水被不断加热，热水持续上升，经过散热和冷却后，再次回到锅炉进行加热，形成一个循环。

此系统无须水泵，仅依赖水温变化引发的密度变化来推动水循环，因此被称为重力（或自然）循环供暖系统。由于其依赖自然力量驱动，循环速度相对较慢，更适用于半径在50m以内、不超过3层的建筑。该系统的显著特点包括作用力小、管径较大、系统构造简单且不消耗电能。

6.1.1.2 机械循环供暖系统

通过在回水主管道上增设水泵，利用水泵产生的机械能，我们可以强制水在供暖系统中进行循环。这种方式不仅加快了水循环的速度，还显著提升了供暖的效果。正因如此，与重力循环供暖系统相比，机械循环供暖系统能够覆盖的供暖面积大幅度增加,使其既适用于单体建筑,也适用于多栋建筑的集中供暖。然而,这种系统的运行和维护需要更多的工作和费用投入。

(1)机械循环供暖系统的形式。机械循环供暖体系基于立干管与水平支管的连接方式,可细分为垂直式与水平式系统。在垂直式中,单管系统意味着散热器是沿一根立管串联的,而双管系统则表示散热器是沿着供水和回水立管分别串联的。若散热器是沿着供水和回水水平管串联,则称为水平式系统。

①垂直式系统。根据其供水和回水主管道的位置差异,垂直式系统可进一步被划分为以下四种类型。

上供下回式单、双管热水供暖系统。此类系统的供水干管位于顶部,而回水干管则位于底部。它特别适合那些不设热量计量装置的多层或高层建筑。由于机械循环与重力循环方向相同,这种系统被认为是非常高效且节能的,并在建筑供暖中得到广泛应用。图6-2展示了这种系统,其中有单管和双管两种形式。单管形式更为经济,但其控制性相对较差;双管形式虽然材料消耗大,但控制更为灵活。

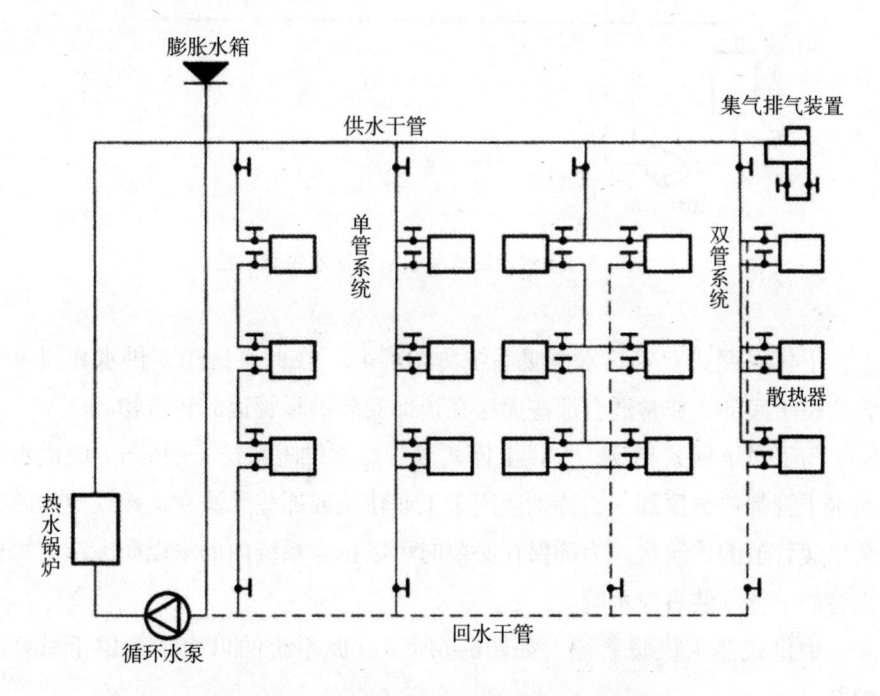

图6-2 上供下回式单、双管热水供暖系统

下供上回式单、双管热水供暖系统（图6-3）。与上一种系统相反，此系统的供水干管位于底部，回水干管位于顶部。它适用于那些使用高温水作为热媒且不设热量计量装置的多层建筑。此设计可降低膨胀水箱的高度要求。

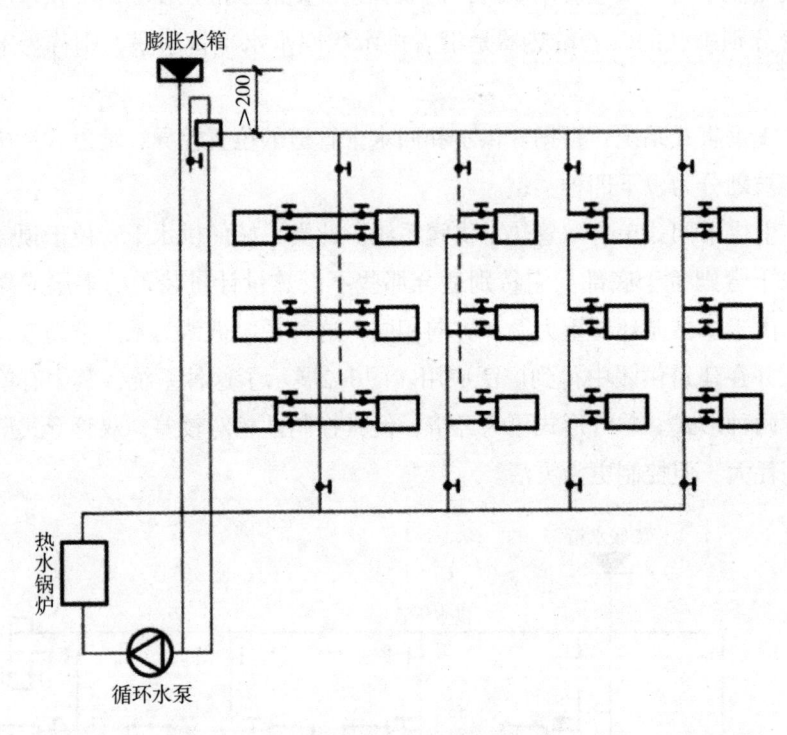

图6-3 下供上回式单、双管热水供暖系统

下供下回式双管热水供暖系统（图6-4）。在此系统中，供水和回水干管均位于底部，非常适合那些无法在顶部安装供暖管道的建筑物。

与下供下回式相反，上供上回式双管热水供暖系统（图6-5）的供水和回水干管都位于顶部。它特别适用于工业建筑或那些无法在地板或地沟内安装供暖管道的建筑物。为确保在必要时可以排空系统内的水以防冻结，每根立管的下部都装有泄水阀。

中供式热水供暖系统。如图6-6所示，此系统的供水干管位于系统的中部。

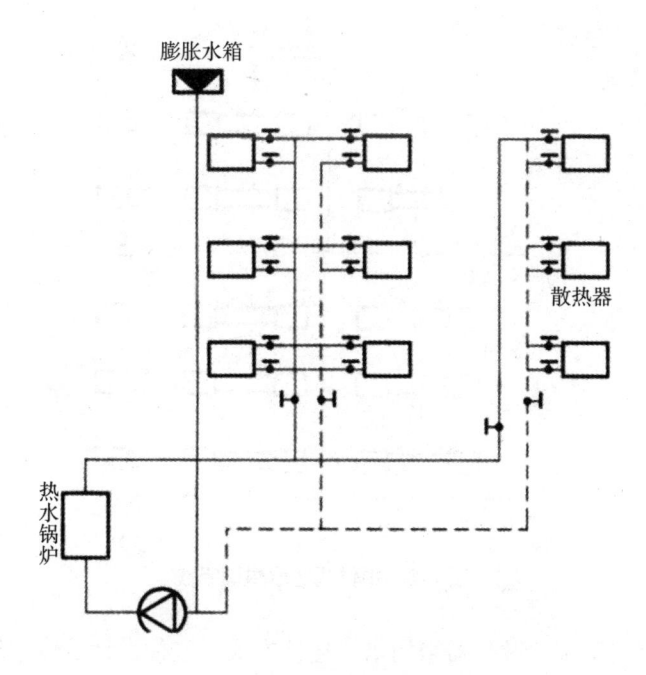

图6-4 下供下回式双管热水供暖系统

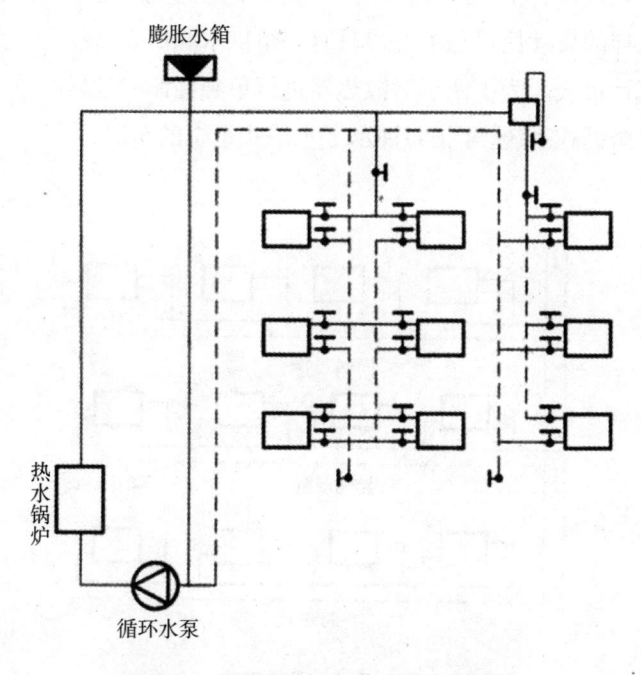

图6-5 上供上回式双管热水供暖系统

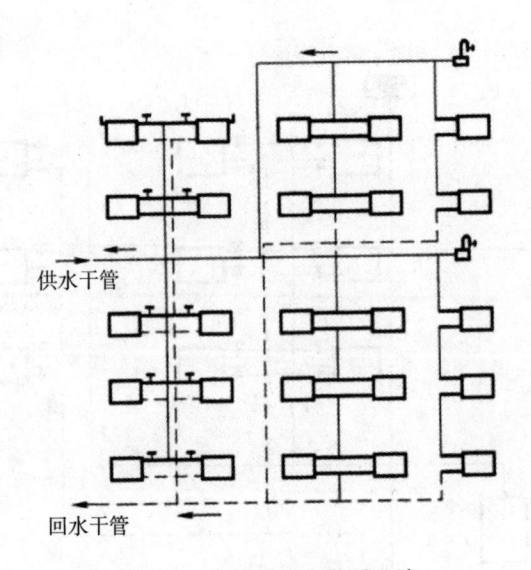

图6-6 中供式热水供暖系统

②水平式系统。散热器采用水平连接方式，这种设计在住宅的一户一表系统中非常常见。在这种设计中，立管会沿着管道间向上延伸，然后在每一层通过横支管进入各个住户。在户内，散热器之间是通过水平连接方式进行连接的。这样的设计使得每个住户只有一组供水和回水管线，因此只需要安装一套热能计量表。为了便于对散热器进行单独控制，通常会选择使用双管系统或单管跨越式系统。图6-7展示了水平式系统的布局。

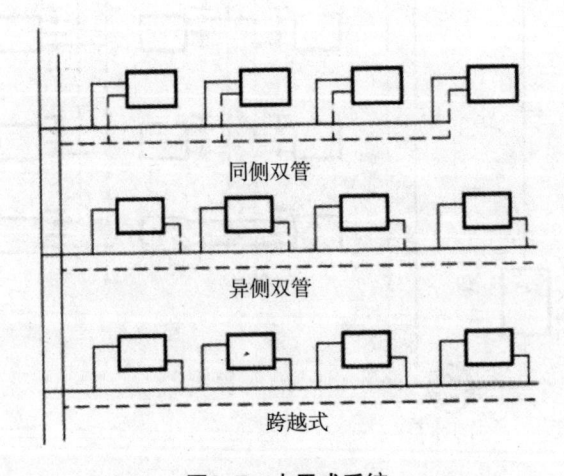

图6-7 水平式系统

（2）异程与同程系统。基于供水和回水干管中水流的方向以及各环路总长度的特点供暖系统可划分为异程系统和同程系统。异程系统水流方向可能不一致，环路长度不等，需要采取措施来平衡阻力；而同程系统水流方向一致，环路长度相等，具有较好的平衡性。

①异程系统。此类系统的管道使用量相对较少。然而，由于热媒在各个循环环路中的流动路径不同，导致热媒的循环速度各异，从而使得各个散热器的热水温度存在差异，进而影响供暖效果。通常，靠近热源的散热器或用户会感受到较高的温度，而远离热源的则温度相对较低。这种温差可能导致显著的供热不均衡。为了调节这种不平衡，可以通过自动控制或人工手动调节阀门开度来实现。具体来说，靠近热源的用户需要适当减小阀门开度，而远离热源的用户则需要增大阀门开度。

②同程系统。相较于异程系统，同程系统所需的管道数量更多。但其核心优势在于，由于热媒在各个循环环路中流经的路径长度是完全一致的，因此它能够非常好地确保供热的均匀性。异程和同程热水供暖系统的示意参见图6-8。

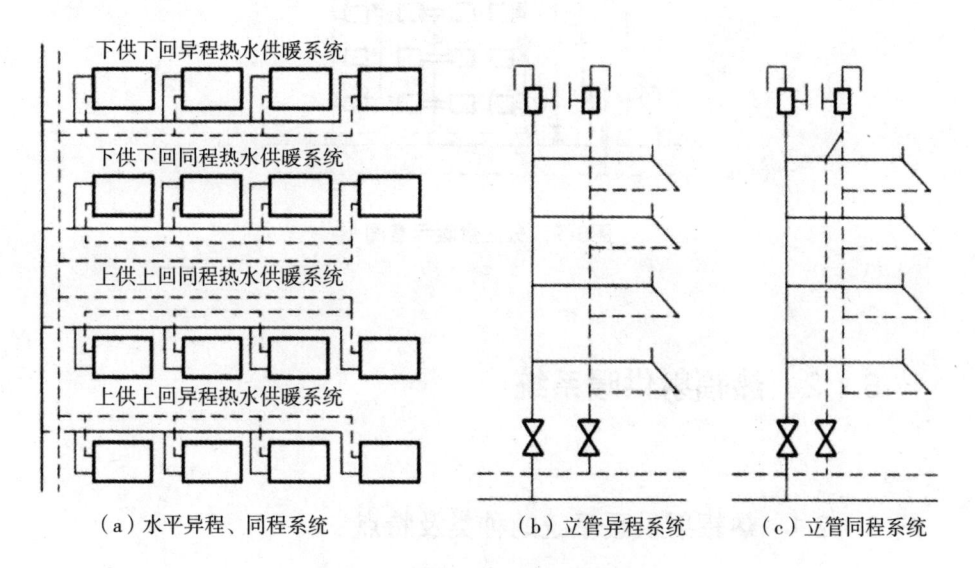

（a）水平异程、同程系统　　（b）立管异程系统　　（c）立管同程系统

图6-8　异程、同程热水供暖系统

（3）分区供暖。由于高层建筑从底层到顶层的垂直高度差异显著，这导致了供暖系统中存在较大的静压差。当确保上层供暖压力足够时，低层区域将会面临更高的压力。因此，在低层区域，需要使用具有更高耐压能力的无缝钢管，这无疑会大幅增加成本。同时，如果热媒发生泄漏，其潜在的破坏力也不容小觑。为了有效解决这些问题，可以借鉴高层建筑中的分区供水策略，将供暖系统沿垂直方向分割成两个或多个独立的供暖区块，这种方法被称作分区供暖，其示意参见图6-9。

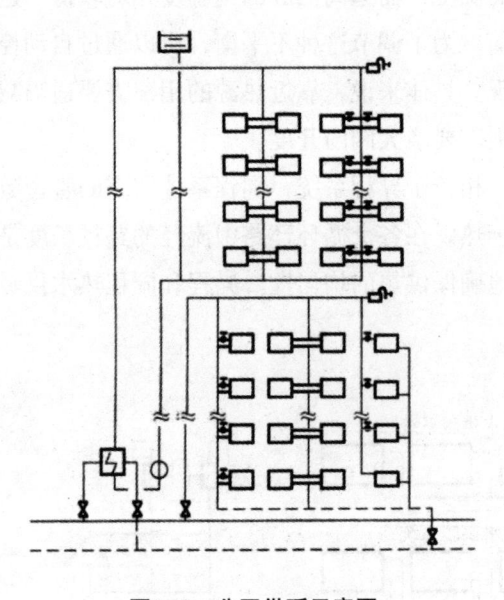

图6-9 分区供暖示意图

6.1.2 热辐射供暖系统

6.1.2.1 热辐射供暖系统的种类及特点

热辐射供暖系统，是利用建筑物内的各种表面，如顶面、墙面、地面等进行供暖的一种系统。这种供暖方式因其高度的舒适性和卫生条件，自20世纪30年代起就在国外高级住宅中得到应用。近年来，其应用已广泛扩展至各类建筑，且效果显著。在我国的建筑设计中，热辐射供暖也逐渐受到推广。

该系统结合了辐射强度和温度，创造了一个符合人体散热需求的热环境。由于室内表面的温度较高，它减少了周围环境对人体的冷辐射，提供了优越的舒适度。此外，热辐射供暖与土建紧密相关，需要高度的土建配合。此系统无须在室内安装散热器和相关管道，不仅提升了美观性，节省了空间，还方便了家具的布置。同时，也使室内温度分布均匀，温度梯度小。

在维持相同舒适度的情况下，利用热辐射进行供暖的房间，其设计温度可以比对流供暖方式低2~3℃。这一优势有助于减少供暖所需的热负荷，进而实现能源的节省。在此类系统中，热量主要通过辐射方式传递，但同时也存在对流传递。因此，在衡量供暖效果时，我们并不单纯依据辐射强度或设计的室内温度，而是采用实感温度作为评判标准。实感温度，也被称作等感温度或黑球温度，它真实地反映了在辐射供暖环境下，人体或物体在辐射与对流双重热交换作用下的实际感受温度。

热辐射供暖系统有多种形式，根据辐射表面的温度，可分为低温、中温和高温热辐射。目前，低温热辐射供暖系统应用较广，可在顶棚、地面或墙面中埋设管道，采用如蛇形管等形状。现代管材如新型塑料管、铝塑复合管等，因其耐腐蚀、高承压、不结垢、无毒且易安装等特性而广受青睐（表6-1）。

表6-1 低温热辐射供暖系统分类及特点

分类依据	类型	特点
辐射板位置	顶棚式	以顶棚为辐射表面，辐射热占70%左右
	墙面式	以墙面为辐射表面，辐射热占65%左右
	地面式	以地面为辐射表面，辐射热占55%左右
	踢脚板式	以窗下或踢脚板处为辐射表面，辐射热占65%左右
辐射板构造	埋管式	直径为15~32mm的管道埋设于建筑表面内构成辐射表面
	风道式	利用建筑构件的空腔使其间热空气循环流动构成辐射表面
	组合式	利用金属板焊以金属管构成辐射板

地面热辐射供暖系统在住宅和公共建筑中均有广泛应用。在住宅中，它

提供了优越的舒适度，节约了能源，并方便了用户的热计量。在高大空间的公共建筑，如游泳馆、展览厅、宾馆大堂中，此系统能有效解决冬季温度梯度大、上热下冷的问题。

6.1.2.2　低温热水地面辐射供暖系统

（1）低温热水地面辐射供暖系统的结构。如图6-10所示，低温热水地面辐射供暖系统主要由立管、入户阀门、自动排气装置、热能计量设备、集水装置、分水装置以及加热盘管等部件构成。立管负责将热力公司提供的热水输送到各楼层的用户，通过特设的入户装置（通常包含供回水入户阀门和热能表等组件。在住宅建筑中，供水阀门配备锁具，以便于供暖费用的管理和收取）进入室内环境。热水从供水管路流入分水装置，随后分水装置将热水分配到各个房间的加热盘管中。在加热盘管中循环并释放热量后，水流进入集水装置，最终集水装置将回水送回回水管路。为了提升用户的使用便捷性，在分水装置前加装了温度控制阀门。

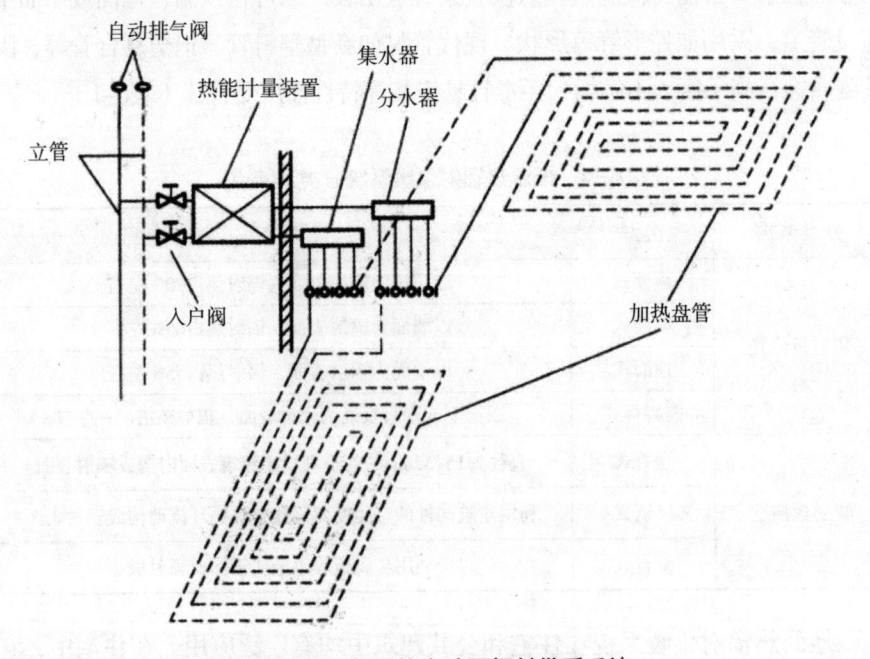

图6-10　低温热水地面辐射供暖系统

图6-10展示了低温热水地面辐射供暖系统的全貌。集水装置和分水装置通常被安装在厨房、洗手间、走廊两端等不占据主要空间且方便操作的地方，并且它们被整合在同一个箱体内部，周围留有一定的操作空间。图6-11则详细展示了低温热水地面辐射供暖系统中集水装置和分水装置的安装方式。

为了降低流动阻力并确保供回水的温差不会过大，可采用并联的方式布置加热盘管。在每个户内的房间中，都设置了分支加热盘管，这样每个房间都形成了一个独立的供暖回路。同时，在加热盘管的两端都安装有阀门，这样用户就可以通过控制热水的流量来轻松调节相应房间的温度了。对于较大的房间，通常每20~30m²划分为一个回路，并根据房间的实际面积来布置多个回路。每个回路的长度都尽量保持一致，通常在60~80m，最长也不会超过120m。

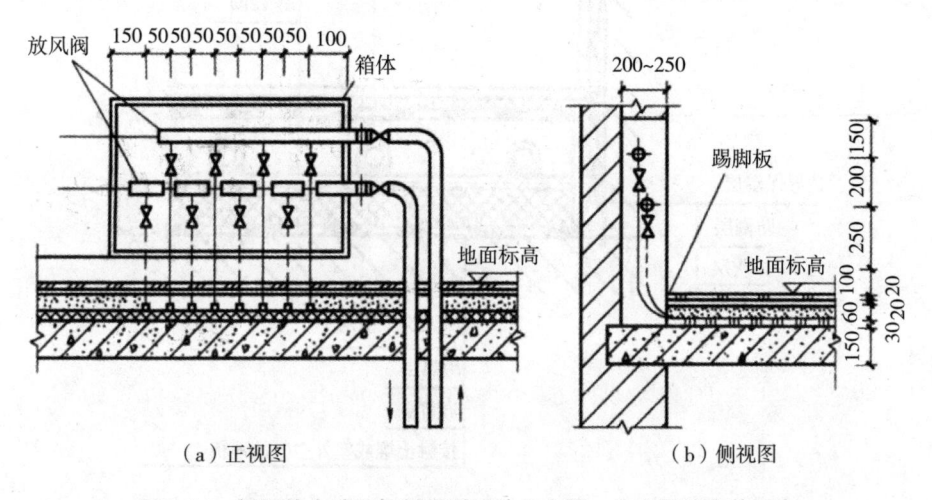

图6-11 低温热水地面辐射供暖系统集水器、分水器的安装示意

（2）加热盘管的敷设。低温热水地面辐射供暖系统不仅提供舒适的生活环境，使用便捷，还具有出色的节能特性，同时方便进行分户计量。更值得一提的是，它能够高效地利用太阳能、地热能以及人工热能等低温热源。该系统以60℃或更低温度的热水作为热媒，采用塑料材质的加热盘管，这些盘管被预埋在不小于30mm的混凝土地面之下。其安装布局详见图6-12。

地面构造通常包括结构层（可能是楼板或土壤）、绝热层（其上方布设有按照一定规范间距固定的加热盘管）、填充层、防水层、防潮层以及地面层（可能由大理石、瓷砖或木板等材料构成）。在这里，绝热层的主要作用是调控热量的传递方向，而填充层则用于保护加热盘管并确保地面温度分布均匀。地面层，顾名思义，为地面装饰层。

如果工程项目允许双向散热设计，那么可以省略绝热层的设置。然而，对于住宅建筑来说，由于涉及分户计量的问题，绝热层的设置则是必不可少的。

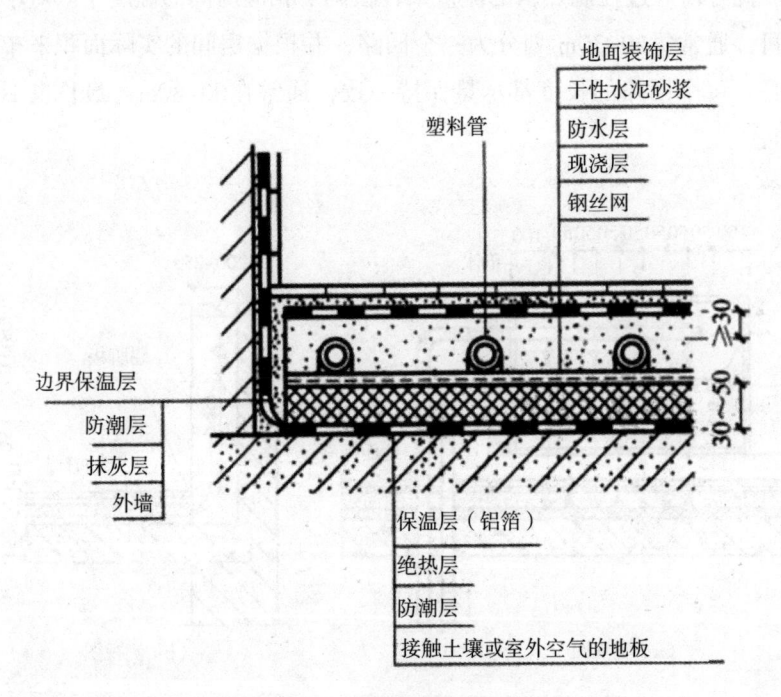

图6-12 加热盘管安装示意

（3）相关规范要求。①热水地面辐射供暖系统中，推荐使用的供水温度范围为35~45℃，但绝对不应超过60℃；同时，供水和回水之间的温差理想上应保持在5~10℃之间，既不宜过大也不宜过小。对于毛细管网辐射系统，其供水温度应按照表6-2的建议来设定，而供回水的温差最好控制在3~6℃的范围内。此外，辐射体表面的平均温度应符合表6-3所列出的标准。

表6-2　毛细管网辐射系统供水温度

设置位置	宜采用温度/℃
顶棚	25~35
墙面	25~35
地面	30~40

表6-3　辐射体表面平均温度

设置位置	宜采用的温度/℃	温度上限值/℃
人员经常停留的地面	25~27	29
人员短暂停留的地面	28~30	32
无人停留的地面	35~40	42
房间高度为2.5~3.0m的顶棚	28~30	—
房间高度为3.1~4.0m的顶棚	33~36	—
距地面1m以下的墙面	35	—
距地面1m以上3.5m以下的墙面	45	—

②在计算地面散热量时，必须对地面表面的平均温度进行核实，以确保其不超过表6-3所列的温度上限。如果超出这个限制，应当通过改进建筑的热工性能或者增设其他供暖辅助设备来降低地面辐射供暖系统的热负荷，从而确保其正常运行。

③热水地面辐射供暖系统地面构造,应符合下列规定：底层与土壤接触的情况下，需要设置绝热层，并且在绝热层与土壤之间还应增设防潮层。直接与室外空气相邻的楼板，也必须设绝热层。

当工程允许地面按双向散热进行设计时，各楼层间的楼板上部可以不设绝热层。

加热管的材质和壁厚的选择，应根据工程要求的使用寿命、累计使用时间以及系统的运行水温、工作压力等条件来确定。

低温热水地面辐射供暖系统敷设加热管的覆盖层厚度不应小于50mm，覆盖层应设伸缩缝。伸缩缝的位置、距离及宽度，应通过相关专业计算确定。

对于潮湿房间如卫生间、厨房等，在填充层上部应设置隔离层，加热管覆盖层上还应做防水层。

地面辐射供暖的有效散热量应经过计算确定，同时应考虑到室内设备、家具及地面覆盖物等对有效散热量的折减。

系统配件应采用耐腐蚀材料，以确保系统的长久使用和安全性。

建议在分水器的进水总管与集水器的出水总管之间设置一个旁通管，并在此管上安装阀门。同时，分水器和集水器都应配备手动或自动的排气阀。

地面下埋设的加热盘管不得有接头。

在盘管隐蔽之前，必须进行水压测试，测试压力应为工作压力的1.5倍，但至少不得低于0.6MPa。

6.2 建筑通风系统

民用建筑通风是通过通风手段来优化室内的空气质量。具体而言，就是在特定的区域或整个室内空间，将不符合卫生标准的污浊空气经过适当处理，达到环保标准后排放到室外；同时，将新鲜空气或已经过净化处理并满足卫生要求的空气引入室内，从而确保室内的空气质量符合健康标准，维护居住者的身体健康。这一过程中，排放污浊空气被称为排风，而引入新鲜空气则被称为进风。

通风方式可依据不同的动力来源划分为自然通风和机械通风两种；若根据作用范围来区分，则可分为全面通风和局部通风。

6.2.1 自然通风

自然通风是借助室外风力产生的风压以及室内外温差产生的热压来实现

空气交换的通风方式。

6.2.1.1 热压作用下的自然通风

图6-13展示了利用热压进行自然通风的原理。当室内存在热源时，室内温度上升，空气密度降低，从而产生上升力。热空气通过上部的窗户排出，同时室外的冷空气通过下部的门窗或缝隙进入室内，这种由室内外温差驱动的空气交换，我们称之为热压驱动的自然通风。

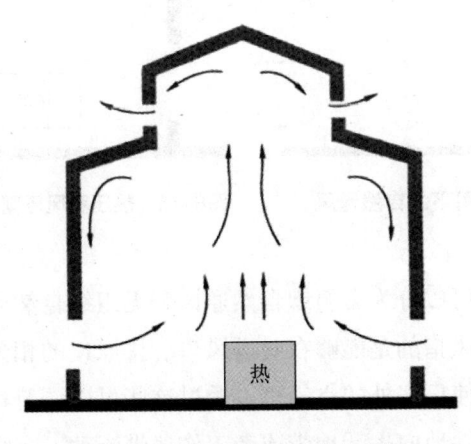

图6-13 热压作用下的自然通风

6.2.1.2 风压作用下的自然通风

图6-14描绘了风压驱动的自然通风过程。当具有一定速度的风从建筑物的迎风面门窗吹入室内时，会将室内的原有空气从背风面的门窗挤出，这种由室外风力驱动的空气交换方式，被称为风压驱动的自然通风。

6.2.1.3 热压和风压同时作用下的自然通风

在多数实际工程应用中，建筑物的自然通风往往是在热压和风压的共同作用下实现的。通常情况下，在这种自然通风模式中，热压的变化相对较小，而风压的变化则较大。图6-15展示了热压和风压同时作用下的自然通风过程。

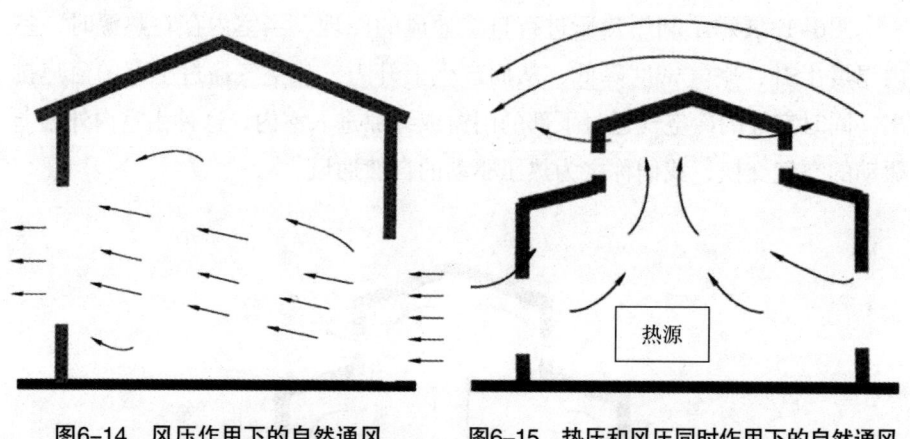

图6-14　风压作用下的自然通风　　　图6-15　热压和风压同时作用下的自然通风

自然通风确实可以分为有组织自然通风和无组织自然通风两种。

有组织自然通风指的是能够在对进风口、排风口的相关位置以及面积合理处理的情况下，使厂房外的空气可以透过这些可以调节移动的门窗以及通风的孔洞，有规律性地向生活地带或者工作地带流动。有组织自然通风具有一定的可调节性，通过对进风口和排风口的合理设计，可以有效地控制室内外的空气交换，提高通风效率。在设计中，需要注意进气口和排气口面积的合理规划设计，通常要求排风口的面积比进风口的面积小，这有利于自然通风质量的提高。同时，也要避免进气发生短流现象。

无组织自然通风是指通过建筑物围护结构的缝隙等不可调节的孔口进行的自然通风。这种方式相对简单，不依赖于特定的通风设计或设备。无组织自然通风的通风量较难控制，它主要依赖于室内外温差和风压等自然条件来驱动空气流动。

自然通风利用风压和热压实现空气交换，无须任何机械设备，因此它是一种简便、经济且环保的通风方式。然而，其通风量会受到多种因素的影响，包括室内外温差、室外风速和风向、门窗的面积、设计和位置等，因此其通风效果可能会有所波动。在选择自然通风方式时，应充分考虑这些因素，并采取相应的调整策略。

6.2.2 机械通风

机械通风是一种利用通风机动力来更换空气的方法。作为实现有组织通风的核心技术，机械通风通过人为方式控制空气流动。图6-16展示了一个典型的房间机械通风系统。通过选择合适的风机，可以调整机械通风所产生的压力，无须受限于自然条件。这意味着可以通过管道系统，按照预定的风速，将空气精确地输送到需要的任何位置，同时，也可以从特定地点以设定的吸风速度排除受污染的空气。

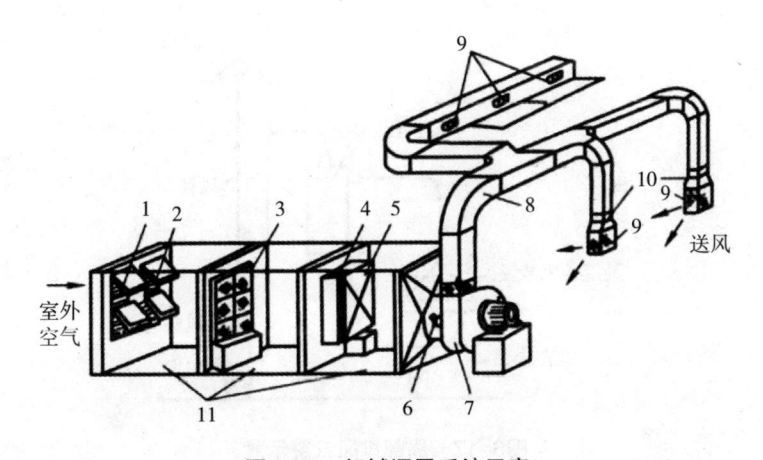

图6-16 机械通风系统示意

1—百叶窗 2—保温阀 3—过滤器 4—旁通阀 5—空气加热器
6—启动阀 7—通风机 8—通风管 9—出风口 10—调节阀 11—送风室

机械通风的优势在于其能够精确地控制室内空气的流向，并可根据需求对进风和排风进行多样化处理。此外，它还便于调节通风量，确保通风效果的稳定性。然而，机械通风也有其局限性，比如需要消耗电能，而且风机和风道等设备会占用一定空间。相对来说，其工程设备成本和维护费用较高，安装与管理的复杂性也相对较大。

6.2.3 局部通风

局部通风，作为一种机械通风方式，其主要原理是通过操控局部区域的气流，以确保特定工作区域免受有害物质的影响，从而营造一个优质的空气环境。这种通风方式可细分为局部排风和局部送风两种类型。

6.2.3.1 局部排风

局部排风旨在针对特定区域，将不符合健康标准的污浊空气经过必要处理后，确保其达到环保排放标准，再排至室外，以此提升该局部空间的空气质量。图6-17展示了局部排风系统的基本构造。这一系统主要由以下5个关键部分组成。

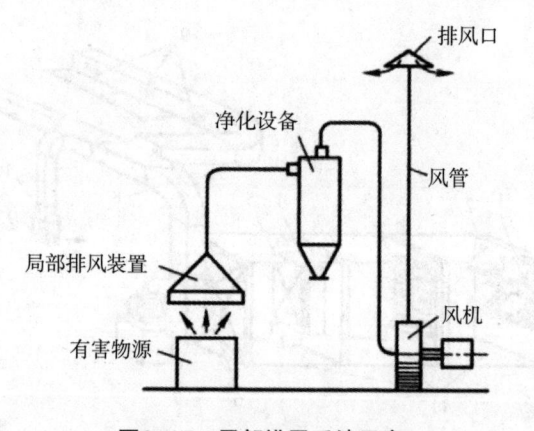

图6-17 局部排风系统示意

（1）局部排风设备。这些设备负责捕获并处理有害物质，其性能直接关系到局部排风系统的效果及经济效益。在日常生活中，厨房的油烟机与卫生间的排气扇等就是非常典型的局部排风设备。

（2）风管。风管是通风系统中用于输送空气的管道，它将系统中的各个组件紧密连接成一个整体。为了提高整体经济性，风管内的气流速度需要经过精心设计，同时管道布局也应尽可能简短且直接。

（3）风机。在机械排风系统中，风机是驱动空气流动的核心力量。

（4）排风口。排风口负责按照特定的方向和速度，将所需风量均匀吸入排风系统或排出室外。常见的排风口设计包括单层百叶带滤网、格栅带滤网、防雨百叶以及风帽等多种形式。图6-18是一种典型的单层百叶排风口设计。

图6-18 单层百叶排风口

（5）净化装置。为了防止对大气环境造成污染，当排放的空气中有害物质含量超出环保标准时，必须通过净化装置进行处理，确保其达到排放标准后方可排入大气。

6.2.3.2 局部送风

局部送风是一种将新鲜空气进行净化、调温等预处理后，输送到室内特定区域的通风方式，旨在优化局部空间的空气环境。根据送风方式的不同，局部送风可划分为系统式和分布式两种类型。

（1）系统式局部送风。图6-19是某房间采用的系统式局部送风设计。在这种方式下，经过集中处理的空气被直接吹向室内人员的身体上部，这种机械送风方式被称为"空气淋浴"。它特别适用于工作环境固定、辐射强度高、空气温度高或无法使用循环空气的场景。

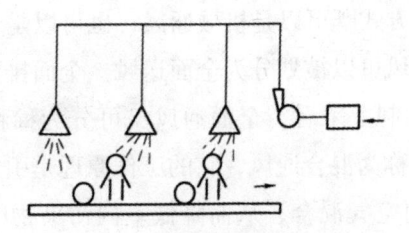

图6-19 系统式局部送风示意

（2）分布式局部送风。分布式局部送风通常采用常规风扇进行送风，而空气幕则是其另一种实现形式。

常规风扇在辐射强度较低、空气温度不高于35℃的环境下表现出色。在此类环境中，使用风扇可以提高工作区的风速，从而帮助人体散热。然而，需要注意的是，当空气温度接近人体表面温度时，风扇吹风不再增强对流散热，而是会加速人体汗液的蒸发。过度蒸发汗液不仅会降低工作效率，还可能对健康造成不利影响。特别是当工作区的空气温度超过36.5℃时，使用风扇反而会导致人体从环境中吸收热量。常规风扇种类繁多，如吊扇、台扇、立式风扇和壁扇等，它们结构简单、价格低廉且易于调节控制。

空气幕则是一种特殊的局部送风设备，它通过专门的空气分布器喷射出具有一定温度和速度的气流幕，用于封闭门洞，减少或阻止外部气流的进入，从而维持室内或特定工作区的温度环境稳定。这种设备在需要频繁出入的公共场所如商场、剧院等大门处得到广泛应用，它能有效防止室外冷热气流对室内温度造成干扰。

6.2.4 全面通风

全面通风是一种对整个房间进行彻底换气的通风方式。它通过引入清洁空气来降低室内空气中的有害物质浓度，并持续将受污染的空气排出室外，以确保室内空气中的有害物质浓度不超过卫生标准所规定的上限。在特定条件下，例如污染源广泛分散或不明确、室内人员众多且分布广泛，或者房间面积较大，采用局部通风难以满足卫生要求时，全面通风就显得尤为重要。

全面通风的实现方式既可以是机械通风，也可以是自然通风。根据系统特点的不同，全面通风可以被划分为全面送风、全面排风以及全面送排风三种类型。而从作用机制上来看，全面通风又可分为稀释通风和置换通风两种。稀释通风，也被称为混合通风，它的工作原理是引入比室内污染物浓度更低的空气，与室内空气混合，从而降低室内污染物的浓度，以达到卫生标准。

为了实现全面通风的最佳效果，不仅需要确保足够的通风量，还需要对气流进行合理的组织和引导。在图6-20中，有害物源用"×"表示，室内人员的工作位置用"○"表示，而箭头则指示了送风和排风的方向。方案1将室外新鲜空气首先输送到工作区域，然后再经过有害物源排出室外，这样可以确保工作区域的空气保持清新。相比之下，方案2则将室外空气先输送到有害物源，然后再流向工作区域，这种情况下，工作区域的空气就有可能受到污染。

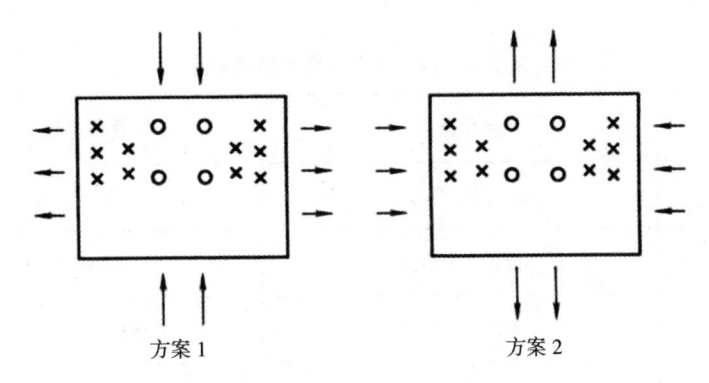

图6-20 气流组织方案

6.2.5 置换通风

置换通风，这一起源于20世纪70年代初北欧的通风方式，因其能有效解决室内空气品质不佳、病态建筑综合征以及空调能耗过高等问题，在欧洲得到了广泛应用，并逐渐受到我国设计师的青睐。相较于稀释通风，置换通风在工作区域内能提供更优质的空气、更高的热舒适度及通风效率。

在置换通风系统中，新鲜冷空气以低速度（介于0.03~0.5m/s）从房间底部送入，送风温差控制在2~4℃。由于送入的新鲜冷空气密度较大，因此会像水一样在房间底部扩散。房间内的热源会引发热对流，从而在室内形成垂直的温度梯度。气流会缓慢上升，逐渐离开工作区域，并将余热和污染物推向房间顶部。最终，这些余热和污染物会通过设置在天花板或房间顶部的排风口被排出。

　　室内空气呈现出类似活塞状的流动模式，这使得污染物能随着空气流动从房间顶部被排出。工作区域基本上被送入的新鲜空气所覆盖，这意味着工作区域的污染物浓度几乎与送入空气的浓度相同。

　　由于置换通风具有节能、高效通风和优质空气等诸多优点，因此在实际应用中得到了广泛推广，并取得了显著的效果。稀释通风与置换通风的详细对比见表6-4。

表6-4　稀释通风与置换通风对比

通风方式	稀释通风	置换通风
目标	全室温湿度均匀	工作区舒适
动力	流体动力控制	浮力控制
机理	气流强烈混合	气流扩散浮力提升
送风	大温差高风速	小温差低风速
气流组织	上送下回	下送上回
末端装置	风口紊流系数大、风口掺混性好	送风紊流小、风口扩散性好
流态	回流区为紊流区	送风区为层流区
分布	上下均匀	温度/浓度分层
效果1	消除全室负荷	消除工作区负荷
效果2	空气品质接近于通风	空气品质接近于送风

6.3 建筑防烟系统

火灾烟气的有效管理策略通常涵盖防火和防烟区域的划分、加压送风防烟以及排烟措施等。

6.3.1 划分防火分区和防烟分区

6.3.1.1 防火分区

在建筑规划过程中，划分防火区域的核心目标是遏制火势的蔓延，简化消防人员的救援工作，并降低火灾引发的损失。这一划分实质上是将建筑物分割成多个独立的防火单元。为确保这些单元间的有效隔离，水平方向上应利用防火墙、防火门窗以及防火卷帘等设施进行阻断，而在垂直方向上，则应采用具备耐火性能的楼板等材料进行分隔。这样的设计不仅有助于阻止火势的蔓延，同时也能有效防止烟气的扩散。须注意的是，通风和空调系统应尽量避免跨越这些防火区域；在必须穿越的情况下，应增设防火阀门以确保安全。

防火区域的最大面积往往受到建筑物的重要性、耐火等级以及灭火设施类型等多重因素的影响。一般而言，各类建筑的防火区域面积应遵守以下限制：一类建筑不超过1 000m²，二类建筑控制在1 500m²以内，而地下室区域则不应超过500m²。

6.3.1.2 防烟分区

防烟区域是通过利用挡烟垂壁、挡烟横梁以及挡烟隔墙等设施，将烟气限制在特定空间范围内的区域。这些防烟区域可以视为对防火区域的进一步细分。然而，它们并不能阻止火灾的扩散，其主要功能是有效控制火灾产生的烟气流动。根据《建筑防烟排烟系统技术标准》（GB 51251—2017）的规定，在公共建筑房间内，当房间高度不超过6m时，单个防烟区域的最大允许面积设定为1 000m^2。因此，对于面积超出这一标准的房间，需要采取适当的分隔措施，如增设隔墙，或者使用挡烟垂壁，甚至从顶棚下方凸出不低于0.5m的横梁，以形成多个防烟区域。

6.3.2 加压送风防烟

6.3.2.1 加压送风防烟的定义及适用场合

加压送风防烟技术指的是利用风机设备将一定量的室外新鲜空气注入室内空间或通道中，从而在室内形成一定的气压或者在门洞区域产生特定的气流速度，以此来防止烟气的侵入。在楼梯间、前室或合用前室以及走廊之间，通过这种技术可以形成一个气压梯度。这个气压梯度会引导空气从楼梯间流向前室，再由前室流入走廊，最后从走廊排出室外，或者先流入房间后再排出室外。这样的气流方向与人员的疏散方向是相反的，从而在紧急情况下为人员疏散和救援工作提供了更多的时间和机会。

图6-21是加压送风防烟的两种典型情况。在图6-21（a）中，当门处于关闭状态时，室内保持着一定的正压力，这使得空气能够通过门缝或其他缝隙流出，有效地阻止了烟气的进入；而在图6-21（b）中，当门打开时，加压区域内的空气会以一定的速度从门洞流出，这样就能够防止烟气的流入。

需要注意的是，如果气流速度过低，烟气有可能会从上方渗入室内。综合这两种情况来看，为了有效地阻止烟气进入加压的房间，必须满足以下两个条件：一是在门开启时，门洞处需要有一定速度的气流向外流出；二是在门关闭时，室内需要保持一定的正压力。这两个条件也是设计加压送风系统时必须遵循的基本原则。

(a) 门关闭时　　　　　　　　(b) 门开启时

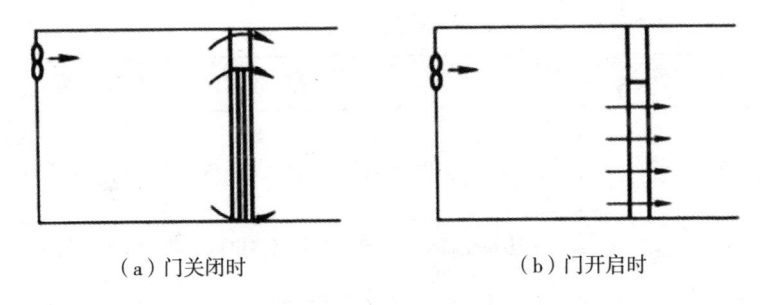

图6-21　加压送风防烟

加压送风防烟技术主要应用于那些不符合自然排烟条件的场所，如防烟楼梯间及其前室、消防电梯前室以及合用前室等。此外，在高层建筑中的避难层，也需要采用机械加压送风的方式来防止烟气的侵入。

6.3.2.2　防火排烟装置

常用的防火排烟装置见表6-5。

表6-5　常用的防火排烟装置

类别	名称	性能和用途
防火类	防火调节阀（FVD）	70℃温度熔断器自动关闭（防火），可输出联动信号，用于通风空调系统风管内
	防火阀（FD）	防止火焰沿风管蔓延
	防烟防火阀（SFD）	靠烟感器控制动作，用电信号通过电磁铁关闭（防烟）；还可用70℃温度熔断器自动关闭（防火），用于通风空调系统风管内，防止火焰沿风管蔓延
防烟类	加压送风口	靠烟感器控制动作，电信号开启，也可手动或远距离缆绳开启；可设280℃温度熔断器重新关闭装置，输出动作电信号，联动送风机开启。用于加压送风系统的风口，起赶烟、防烟作用
	余压阀	防止防烟超压，起卸压作用
	排烟阀	电信号开启或手动开启；输出开启电信号联动排烟机开启。用于排烟系统风管上
	排烟防火阀	电信号开启，手动开启。280℃温度熔断器重新关闭，输出动作电信号，用于排烟机吸入口处管道上

续表

类别	名称	性能和用途
排烟类	排烟口	电信号开启，也可手动或远距离缆绳开启；输出电信号联动排烟机，用于排烟房间的顶棚和墙壁上，可设280℃温度熔断器重新关闭装置
	排烟窗	烟感器控制动作，电信号开启，也可手动或远距离缆绳开启，用于自然排烟处的外墙上
分隔类	防火卷帘挡烟垂壁	划分防火分区，用于不能设置防火墙处，水幕保护划分防烟区域，手动或自动控制

6.3.3 排烟

排烟，指的是利用自然力量或机械设备，将火灾产生的烟气导出室外的过程。其核心目标是消除火灾区域的烟雾和热量，阻止烟雾向未受火灾影响的区域扩散，从而有助于人员安全撤离和火灾救援工作的开展。

6.3.3.1 自然排烟

自然排烟，主要是依赖火灾产生的烟雾所具有的浮力和热量形成的压力差，来驱动烟雾自然排出。这通常是通过可以开启的窗户来实现的。这种方法简单易行且经济高效，但其排烟效果可能会受到多种因素的影响，包括火源的位置、烟雾的温度、窗户的开启程度，以及外部的风力和风向等。因此，其稳定性有待提高。

自然排烟无须大量投资，操作简单，且不占用额外的空间。只要符合相关规范，应尽可能采用这种方式。排烟窗的开启可以通过烟雾感应器自动控制，也可以通过手动或远程缆绳来操作。

6.3.3.2 机械排烟

机械排烟则是利用风机的吸力来强制排出烟雾。这种方式排烟效果优良且稳定。但它需要设置专门的排烟口、排烟管道和排烟风机，同时还需要专用的电源供应，因此投资相对较大。

机械排烟方式在工作中表现出极高的可靠性和优秀的排烟效果。当自然排烟条件不具备时，机械排烟无疑是一个理想的选择。

思考题

1. 垂直式热水供暖系统有哪些主要类型？请列举并描述其特点。
2. 异程系统与同程系统的主要差异是什么？各自在供暖效果上有何不同？
3. 为什么高层建筑需要采用分区供暖策略？这一策略如何解决静压差和成本问题？
4. 请简述低温热辐射供暖系统分类及特点。
5. 请简述置换通风与稀释通风的特点与异同。
6. 请列举常用的防火排烟装置，及其各自的性能与用途。

第7章 建筑供配电系统、电气照明系统及电梯系统

建筑供配电系统确保电力供应，电气照明系统提供舒适安全的照明环境，电梯系统实现快速安全输送，三者共同保障建筑正常运作与居住者舒适体验。

7.1 建筑供配电系统

7.1.1 变电所的形式及其对建筑的要求

在电力系统中，变压器扮演着至关重要的角色，它常被用于提升发电机的输出电压，以便于电能的远距离传输。当电力到达目的地后，变压器再次发挥作用，将高电压的电源转换成适合负载需求的低电压。当前，用户广泛使用的三相变压器通常具备高压侧为10kV，而低压侧则为400V的规格。因此，变压器不仅是输配电系统中不可或缺的关键设备，也是变电所中的核心组件。

7.1.1.1 变电所的形式

室内变配电装置稳定但散热差需要额外通风，成本较高；室外变配电装置散热好且成本低，但稳定性及寿命可能受影响。常见的变配电装置有以下几种形式。

（1）杆上变台。杆上变台是配电系统中的重要设备，分为两杆式和三杆式。当变台附近有建筑物时，为确保安全，两者之间的距离应至少保持5m。若距离小于5m，则在变台及其两侧各1.5m的范围内（高度限于变压器以上3m及以下），不应设置门窗。同时，杆上变压器的容量应限制在315kVA以内。在实际安装中，应参照国家标准图进行布置，以确保安全和效率（图7-1）。

（2）落地式变台。落地式变台是独立式露天变电所的一种常见形式，通常按低压直配设计，但在特殊情况下可设置低压配电室。当两者结合时，它们构成一个完整的10kV变电所。这种设计结合了变台和配电室的功能，以满足特定的电力需求（图7-2）。

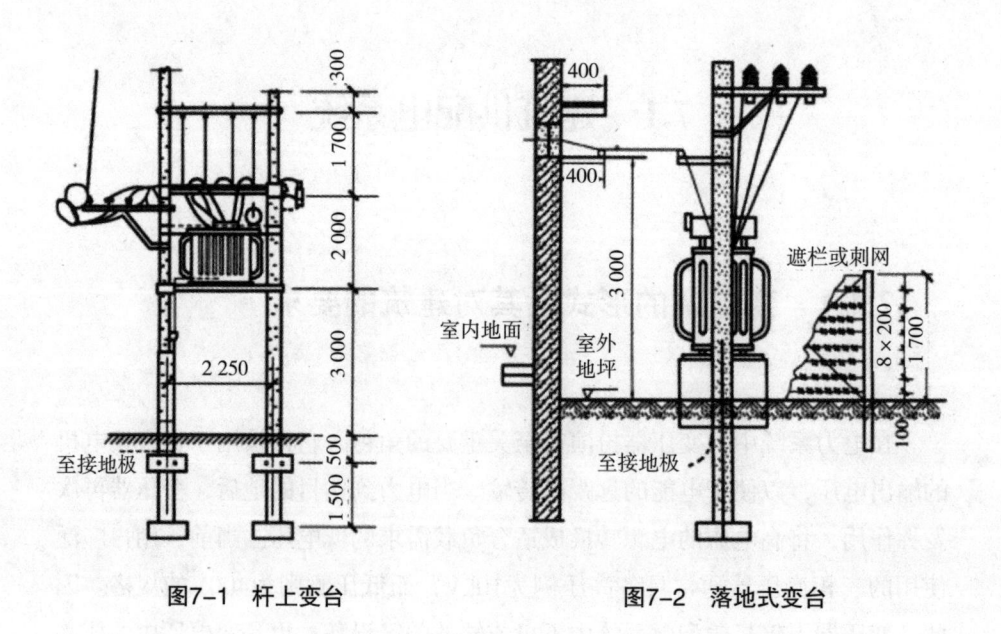

图7-1 杆上变台

图7-2 落地式变台

（3）高压配电室。高压配电室主要安装高压配电设备，如高压开关柜和进线隔离开关。在特定条件下，高压和低压配电柜可共存一室，但须保证外壳防护等级达到IP2X，并避免裸导体间净距小于2m。配电室长度超过7m时，须设两扇门，一扇满足设备搬运要求，另一扇便于值班室出入。电缆主沟常位于开关柜下方，电缆较多时设置副沟。电缆沟应有坡度并设集水井以防积水。配电室耐火等级至少二级，顶板须平整，室内避免无关管道穿越。如需采暖，应采用焊接暖气装置，避免法兰、螺纹等易泄漏部件，如图7-3所示。

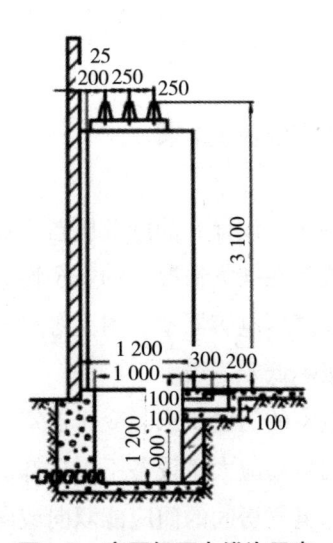

图7-3 高压柜下电缆沟示意

（4）变压器室。变压器室是电力系统中用于放置变压器的独立房间。其布置须遵循以下要求：独立式变电所可安装浸油变压器，位于民用建筑一层时，每室仅设一台并设防火挑檐。变压器放置方向须便于观察和检查。地坪可抬高0.8~1.2m，相应增加室高。每台油量超过100kg的三相变压器应单独设变压器室。检修时须考虑吊芯高度，并留有操作空间。变压器与墙壁、门的间距应符合规定。

干式变压器并列安装时应保持足够间距。变压器室应有良好的通风系统，优先采用自然通风。净高和耐火等级须满足安全要求，室内应保持平整光洁，无关管道不得穿越。大门尺寸应大于变压器外廓尺寸0.6m以上，并设防火设施。

（5）低压配电室。低压配电室在布局和设备安装时须确保高效、安全和合规。门的设置应满足长度超过7m时设双门的要求，并确保尺寸适宜便于设备搬运。值班室与配电室合并时须保持适当距离便于操作。出口和通道设置须考虑配电柜长度，确保通道畅通。防火隔墙应在特定情况下设置以保障安全。裸导体高度须符合安全标准，不足时须增设防护措施。电缆沟和支架的设置须改善散热和避免过载。采光和通风须合理安排，确保室内环境良好。专业配合和防水防火措施也是不可或缺的，须与相关专业紧密协作，确保变配电所的安全运行。

7.1.1.2 变电所对建筑的要求

（1）油浸变压器室的耐火设计。油浸变压器室在设计时，应确保其耐火等级达到一级标准，以确保在火灾情况下的安全性。非燃或难燃介质的电力变压器室、高压配电室及高压电容器室，耐火等级至少二级。低压配电室及低压电容器室，耐火等级不低于三级。

（2）变压器室及配电室的门窗要求。变压器室门窗应防火耐燃，门为防火门，窗用非燃材料。门宽高应大于设备不可拆卸部分0.3m，便于维护。门向外开，有弹簧锁。相邻电气房间的门应能双向或向低压方向开启。

（3）高压配电室和电容室窗户的设置。高压配电室和电容室的窗户应高于1.8m，临街面不开窗以防污染。自然采光窗应不可开启，以保持室内环境稳定。

（4）配电室的出口设置。当配电室的长度大于8m时，应在房间的两端设置两个出口，以确保在紧急情况下人员能够迅速疏散。对于二层配电室，楼上的配电室应至少设有一个出口通向室外平台或通道，以保证安全疏散。

（5）变配电所（室）门窗的安全考虑。配电所门窗不应直接通向污染严重区域，避免污染物侵入。门应向外开，便于紧急疏散。门宽须超出设备尺寸0.5m，7m内可设一门，超7m应设不少于两门。窗户须满足采光、通风、耐火要求，避免西晒。门、窗、电缆沟应有防护措施，防雨雪及小动物进入。

7.1.2 供电系统线路及其安装要求

7.1.2.1 供电系统概述

供电系统是一个综合网络，连接发电厂、变电站、电网和用户，实现电能的高效、可靠传输与分配。发电厂生产电能，变电站转换分配，电网传输，用户消费，确保稳定供电满足社会生产和生活需求。电厂供电示意如图7-4所示。

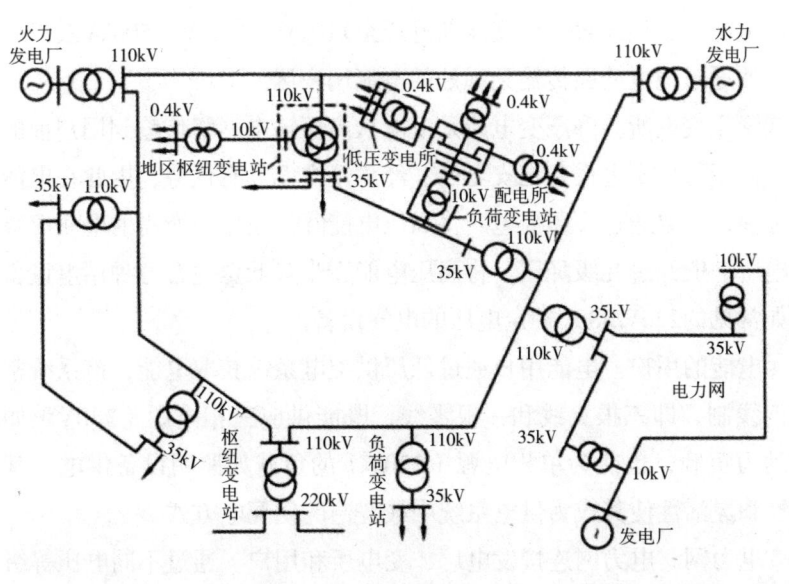

图7-4 电厂供电示意

（1）电能的生产、传输和分配。电能是现代社会的重要能源，通过发电厂将一次能源转化为二次能源。我国主要依赖火力发电和水力发电，但大型和中型发电厂常建于自然能源丰富的偏远地区，由于输电距离长，电能损失成为问题。为了经济有效地实现远距离输电，提高输电电压以减少损失，但电压提升有限，须考虑输电容量和距离。我国通常对远距离输电采用110kV～220kV电压，近距离则使用6kV～35kV，确保输电高效经济。

（2）供电系统的组成。供电系统是一个复杂的网络，由多个关键组成部分协同工作，确保电能从源头安全、高效地传输到最终用户。以下是各组成部分的详细扩展说明：

①发电厂。发电厂是供电系统起点，将非电能（化石燃料或可再生能源）转换成电能。发电设备如蒸汽轮机、燃气轮机等，将热能、机械能等转换为电能，满足供电系统需求。

②升压变电所。升压变电所是供电系统中的重要环节，它负责将发电厂产生的电能升压至适合长距离传输的高压。升压变电所主要包括升压变压器、开关柜以及一些安全设施和装置。变压器基于电磁感应的原理，能够实现电压的升降。由于高压输电具有经济性和在线路上损耗小的特点，发电厂产生的电能一般须经过升压变压器升压至110kV、220kV、500kV及以上的高压，以便通过输电线路传输到远处的电能用户区。

③降压变电所。降压变电所是电能从高压输电网络传输到用户前的必要环节。由于低压用电设备在安全性、经济性方面具有优势，因此在电能送达用户之前，需要通过降压变电所将高压电能降低至用户所需的电压等级。降压变电所一般经过几级降压，将高压电能逐步降低至适合各种用电设备的电压，如常见的220V/380V额定电压的电气设备。

④电能的用户。电能用户通过低压供配电系统获取电能，该系统常采用三相四线制，即三根火线和一根零线，既能供应三相电源（380V）如电动机的动力负载，也能为单相电源（220V）的负载如照明设备供电，其广泛应用性和灵活性使其成为供电系统中最普遍的供配电方式。

⑤电力网。电力网连接发电厂、变电所和用户，通过不同电压等级的线路传输电能。它负责将电能从发电厂输送到变电所进行电压变换，再分配至用户。电力网规模结构各异，但核心任务是确保电能安全高效传输。

7.1.2.2　工业与民用建筑供电系统

建筑供电系统特指服务于一般工业与民用建筑内部的电力供应网络，其电压范围涵盖交流10kV及以下和直流1 500V及以下。该系统主要由以下几个关键部分组成：总降压变电所，负责将外部电网的高压电能降压至适合建筑内部使用的电压；高压配电线路，将降压后的电能传输至分变电所；分变电所，根据建筑内部的用电需求进一步分配和转换电压；低压配电系统，将电能安全、高效地分配到各个用电设备；以及最终的各种用电设备，它们直接消耗电能以满足建筑的各种功能需求。此外，该系统还包括一系列保安措施，以确保供电过程的安全可靠。

（1）对建筑供电系统的要求。一般建筑和居民小区常采用10kV高压进线，经变电所降至380V和220V供电器使用。为确保供电可靠，须合理确定电源回路数和负荷分级，并采取措施减少电压损失、偏移和高次谐波。建筑配电系统选10kV深入负荷中心以减少损耗。系统应简洁、灵活，便于维护，并适应负荷变化和扩展需求，以节约成本、降低运行费用。

（2）建筑供电系统的常用方案

①常用的高压供电方案。

a. 常用的几种高压供电方案（图7-5）。

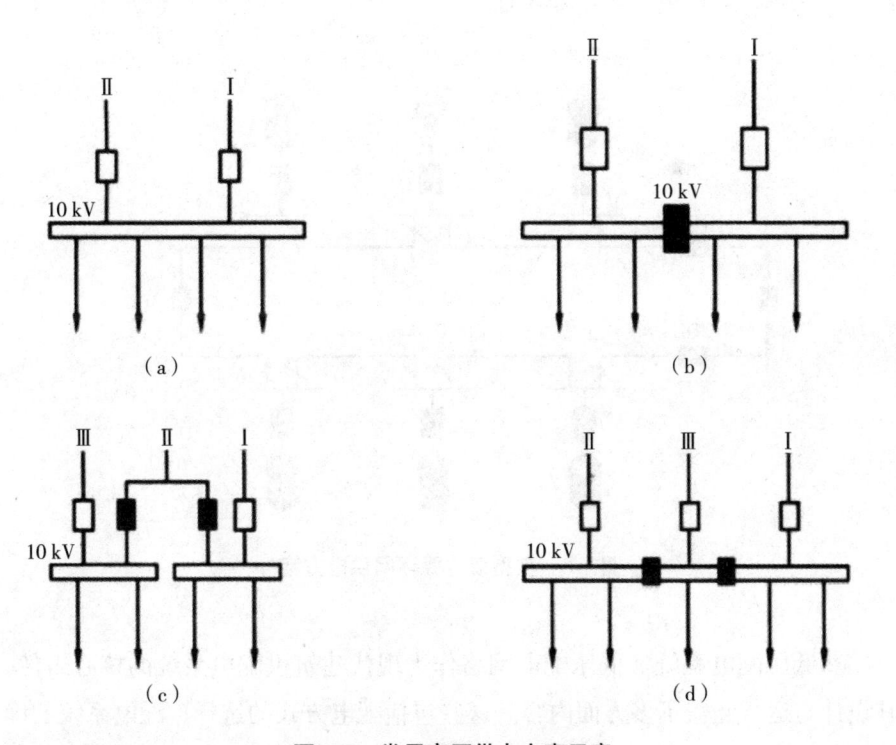

图7-5 常用高压供电方案示意

图7-5解析了4种不同的电源配置方案。方案（a）采用两路电源，一用一备，确保在一路电源故障时，另一路能自动投入，适用于电力供应不足的情况。方案（b）则是两路电源同时工作，通过母线联络开关在一路故障时切换供电，但须增加设备，导致变电所面积增大。方案（c）是三路电源中两路工作、一路备用，提高了供电可靠性，且备用电源与工作电源可互为备用，增强了系统调度的灵活性。方案（d）也是三路电源，但实现了电源间的双互备，通过中间母线联络开关使任意两路电源都能互为备用，进一步提高了供电可靠性和灵活性，但也须额外设备，增加了建筑面积。

b.环网供电方案。图7-6展示了双电源环网供电方案，其中两路独立电源确保供电可靠性。正常情况下，通过闭合1DL和2DL、断开3DL实现开路运行。故障时，合上3DL并操作相关开关可恢复供电，但人工操作耗时。为确保重要用户电力供应不中断，常采用双电源双环网供电方案，其结构简洁、投资少且可靠性高，已在广州、深圳、上海浦东等地广泛应用，有效应对电力故障，确保电力供应稳定连续。

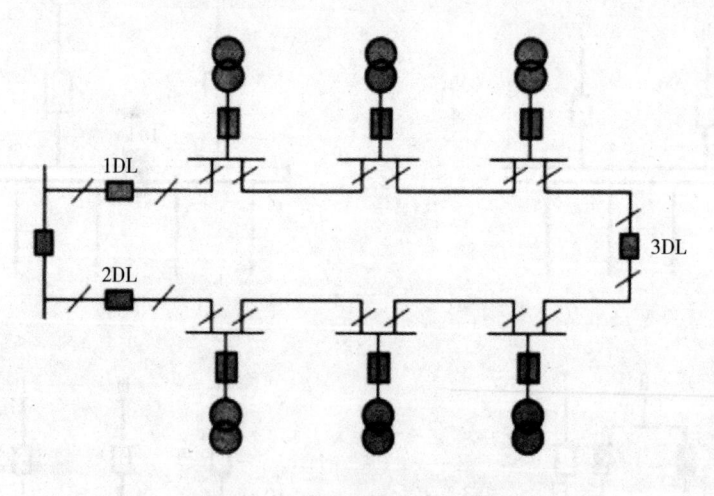

图7-6 典型双电源环网供电方案

②低压配电系统。低压配电网络作为现代建筑供配电系统的核心组件，其设计与运行涵盖了多方面内容。这些包括配电方式的选择、配电系统的确立、导线与电缆的型号规格决策以及线路的具体敷设方式等。与此同时，在

配电系统的整个设计和运行周期内，系统的保护策略也占据着举足轻重的地位。

为了确保配电系统的可靠性和电能质量，我们必须充分考虑到变压器或配电干线在故障状态下的应对方案。这就要求在系统设计时，变压器的负荷率应适度，保留一定的裕量，以便在紧急情况下维持稳定供电。特别是在大型建筑中，配电系统往往分为工作和事故两个独立的子系统，这两个子系统之间通过联络开关相互备用，确保在某一子系统出现故障时，另一子系统能迅速接管供电任务，从而最大限度地降低故障对重要设备用电的影响。

在低压配电系统中，各级保护用开关宜优先采用低压断路器，这类设备能够有效应对过流、过载等异常情况，确保电力系统的安全运行。此外，保护装置在级间的选择性配合也至关重要，它决定了在故障发生时，系统能够迅速准确地定位并隔离故障点，防止故障扩大。

对于民用住宅而言，安全用电更是不可忽视的一环。在终端配电箱中装设漏电保护开关，不仅能够有效预防因漏电而引发的电气火灾，还能保护住户的人身安全，是住宅电气设计中的重要措施。

低压配电系统主要分为放射式和干线式两大类。其中，放射式配电系统具有高可靠性，集中配电设备便于检修的优势，但灵活性较低且有色金属消耗多（图7-7）。适用于容量大、负荷集中或重要性高的用电设备，如消防水泵、消防电梯等。干线式配电系统同样具有灵活性高，接线便捷的优势，适用于用电设备分布均匀、容量适中的场合（图7-8）。图7-9展示了高层民用建筑中干线式配电系统的应用，包括（a）大容量密集型封闭母线槽供电、（b）双干线配电提高可靠性、（c）重要负荷的专用配电方式。

链式配电系统：与干线式相似，适用于距离变电所较远但彼此相距较近的小容量用电设备，连接设备数量一般不超过5台。

在设计与维护中，应关注：确保重要负荷供电可靠性，提供备用电源。动力与照明设备分别配电，系统简单、操作方便、便于检修。引入室内配电线路应设置便于操作的进线开关。馈电线负荷应在合理范围内，避免过大或过小。链式配电系统配电箱数量不宜过多，单相用电设备应合理配置以保持三相平衡（图7-10）。

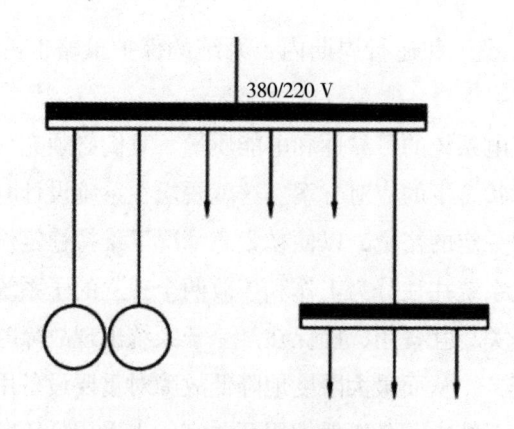

图7-7 放射式配电系统示意

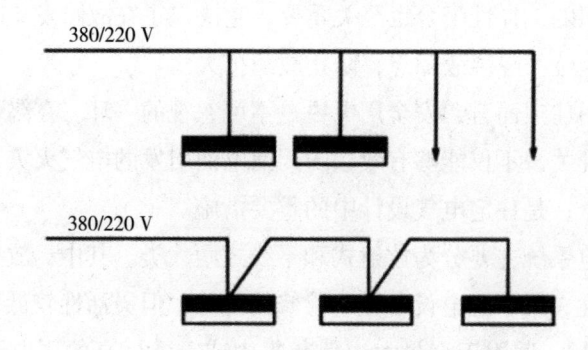

图7-8 干线式配电系统示意

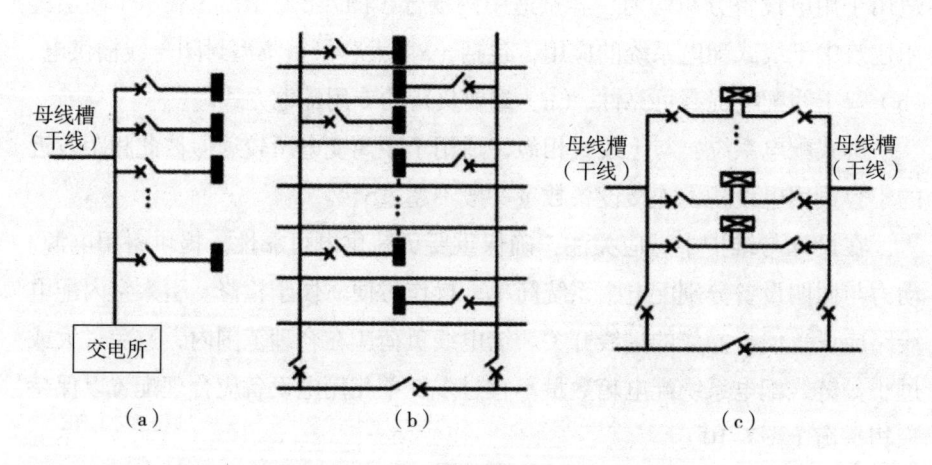

图7-9 干线式配电系统的常见形式

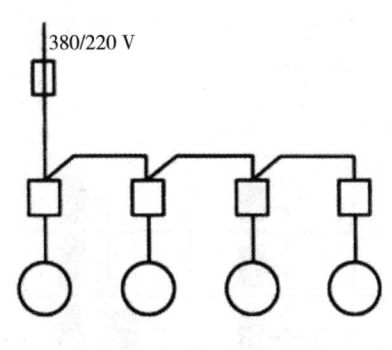

图7-10　链式配电系统

③大型工业与民用建筑的供电系统。现代大型建筑的配电系统设计为工作和事故两个独立系统，并细分为电力工作、电力事故照明工作、照明事故四个系统。在地下和群层，大容量设备常采用电缆放射式供电；而高层建筑的供电方式包括分区树干式和垂直母线干线式，后者使用密集型母线槽并设置备用干线，确保供电可靠性。事故照明配电与工作电源配线方式独立。楼层配电方式主要有照明与插座分开配电，适用于办公和科研楼，以及旅馆客房的单独配电盒方式，确保故障时各房间互不干扰。

图7-11所示是大楼配电的4种典型方案。

方案（a）和方案（b）均采用了混合式配电，也被称为分区树干式配电系统。这种配电方式的特点是每回路的干线负责对一个特定的供电区域进行配电，因此具有较高的可靠性。在方案（b）中，除了与方案（a）相似的配置外，还增加了一个共用的备用回路，以提高系统的容错能力和供电稳定性。备用回路同样采用大树干式配电方式，确保在主回路发生故障时能够迅速接管供电任务。

方案（d）特别适用于楼层数量多、负荷大的大型建筑物，如旅馆、饭店等。它采用了大树干式配电方式，显著减少了低压配电屏的数量，使得安装和维护工作更为便捷，同时也更容易定位和解决故障。分层配电箱被放置在竖井内，通过专用的插件与母线呈T形连接，确保了供电的连续性和稳定性。

与方案（a）和方案（b）相比，方案（c）增加了一个中间配电箱。这一设计使得各个分层配电箱在前端都拥有总的保护装置，从而进一步提高了配电系统的可靠性。中间配电箱的存在使得整个系统更加灵活和可控，能够在出现故障时迅速隔离和恢复供电。

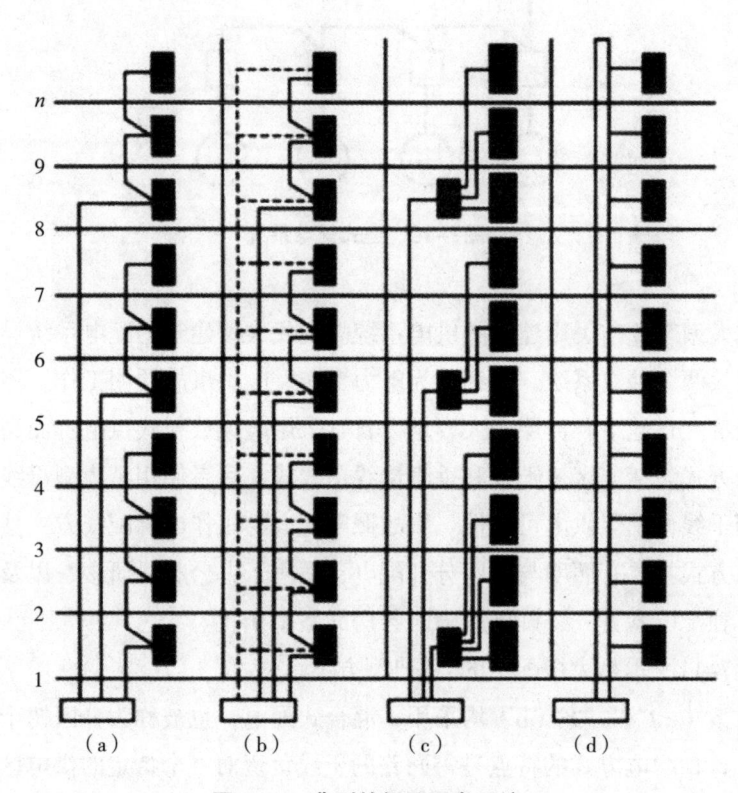

图7-11 典型的低压配电系统

7.1.3 供电系统线路的安装要求

（1）室外供电系统线路的安装要求。在民用建筑中，室外线路的配置方式多种多样。常见的低压线路（1kV及以下）包括绝缘导线，这些导线通常沿着建筑物的外墙或屋檐下的瓷柱、瓷瓶进行明敷安装，既保证了安全又便于维护。另外，高低压电缆线路则更多地选择直接埋地敷设，或者沿着电缆沟、电缆隧道进行铺设，以确保电缆得到良好的保护和稳定的运行环境。在高压领域，通常指的是3kV~35kV的电压等级（图7-12），而其中6kV~10kV是最为常用的。对于低压领域，380/220V则是日常生活中广泛应用的电压标准。

①电缆线路的敷设。在室外电缆线路的敷设过程中，关键要求涵盖路径选择、避让其他设施、合理的敷设方式选择以及必要的保护措施。首先，路径选择应追求最短，避开潜在建筑工程区域，以减少损耗和迁移风险。其次，电缆应避免穿越公路、铁路、通信电缆和各类地下管道，以减少施工难度和风险。根据环境、电缆数量、线型和载流量，可选择直接埋地、电缆沟、电缆隧道或排管内敷设等方式。最后，当电缆需要跨越铁路、道路或引入建筑物时，必须使用电缆穿管保护，以预防机械损伤。这些措施共同确保了电缆线路的安全、高效和可维护性。

②架空线路。随着城市化加快，新建小区更多采用电缆线路而非架空线路。在老旧或边远区域，架空线路仍存在。建筑设计和施工中须注意与架空线路配合，避免穿越繁忙区域和减少与其他设施交叉。高压接户线不得跨越马路和人行道，低压接户线须满足安全距离要求，并避免与高压线直接接触。规划架空线路时须考虑与其他线路、铁路、道路等的交叉距离和导线与地面的安全距离，特别是在山区等复杂地形中（图7-13）。

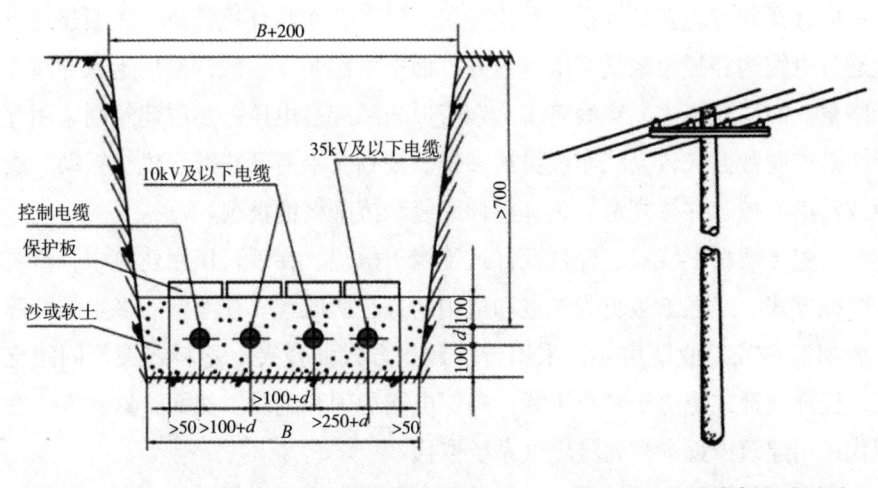

图7-12　35kV及以下直埋电缆壕沟　　　　图7-13　室外电杆架空线路

③沿建筑物外墙敷设的低压线路（图7-14）。沿建筑物外墙敷设的低压线路主要有三种形式：绝缘导线瓷柱、瓷瓶明敷，绝缘导线穿管敷设，以及电缆用支架或托盘敷设。明敷时，除无窗墙面可用铝或铜胶线外，其余应使用绝缘导线，推荐BXF及BLXF型。穿管敷设时，线路数量有限，常不超过两路，固定方式与室内穿管明敷相似。电缆敷设应离地2.5m以上，并遵循室内电缆明敷的相关要求。

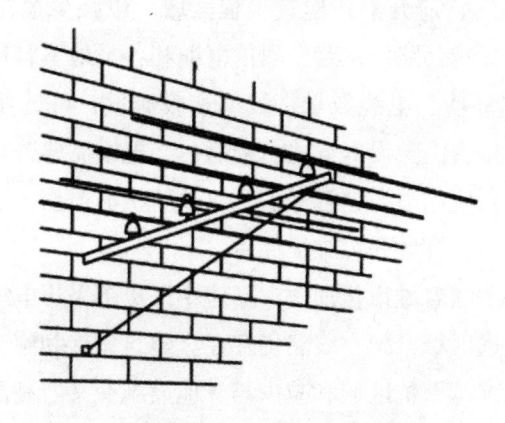

图7-14 沿建筑外墙敷设的室外架空线路

（2）室内供电线路的安装要求。在现代民用建筑中，裸导体布线已罕见，多采用沿地坪、墙壁、吊顶、柱梁及电气竖井的布线方式。布线位置和方法的选择须考虑建筑性质、使用要求、设备分布和环境特征。大型建筑电缆通过电缆沟和托架敷设至电气竖井，而电力照明支干线则使用绝缘导线穿管暗敷。高层建筑中，穿线管多为钢管以防感应过电压。多层建筑则采用穿管暗敷或明敷方式，支线布线灵活多样。规划时须避开热源、机械振动、腐蚀或污染区域，并按规范处理穿越伸缩缝和沉降缝的情况。

①瓷（塑料）线夹、瓷柱及针式绝缘子敷线。在现代民用建筑中，传统的敷线方式已经逐渐被更为先进和适用的方法所取代。在潮湿、多尘的特殊环境如浴室或工业厂房，仍采用传统敷线方式如瓷夹、塑料线夹等固定支线，瓷柱或针式绝缘子敷设干线，确保电线稳固和绝缘。然而，这些方式在现代民用建筑中逐渐被先进电气系统取代。

②塑料绝缘护套线沿墙、平顶明敷。塑料绝缘护套线常通过卡钉明敷于

墙、平顶及建筑构件表面，适用于装修要求不高的照明布线。卡钉固定须确保间距不超过300mm。不应将护套线直接敷于吊顶内或埋入墙壁抹灰层，以防绝缘老化引发安全事故。在集中敷设的照明支线中，护套线可安装在可开启的吊顶内线槽内，槽内导线数量及截面须满足规定。从线槽引出的护套线应穿管至灯具，再改用绝缘线穿管。与接地线或水管交叉时，须加绝缘套管保护。

③绝缘导线穿金属管明敷或暗敷。穿管线路在民用建筑中普遍使用，可根据环境选择水煤气管或电线管/焊接钢管进行明敷或暗敷（图7-15）。潮湿环境推荐水煤气管，干燥环境可选电线管。暗敷管线穿过设备或建筑基础时须加套管保护。明敷钢管线路穿越沉降缝及伸缩缝时，采用软管和渡接头连接以保持弛度，避免机械拉伸（图7-16）。暗敷钢管线路数量少时可用大套管，多时可设拉线箱以防变形损坏（图7-17）。

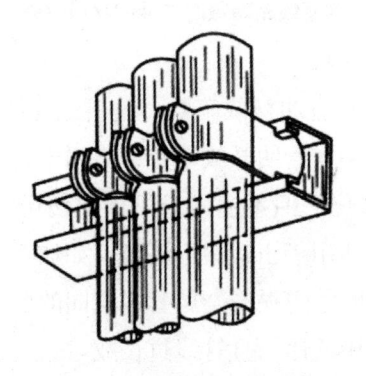

图7-15 室内导线穿金属管明敷

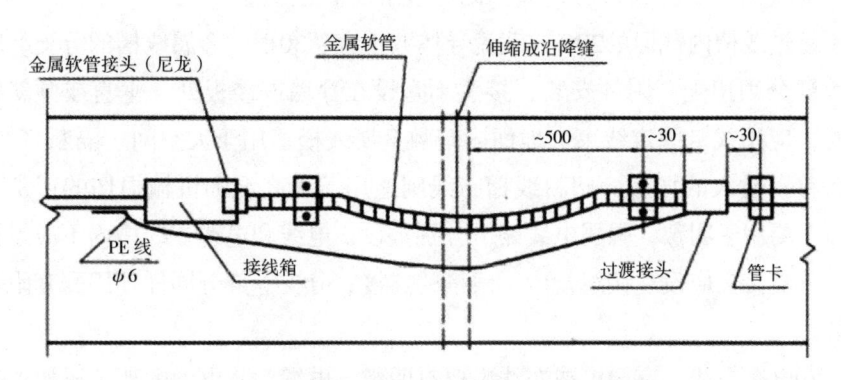

图7-16 钢管线路明敷时过伸缩缝或沉降缝的安装

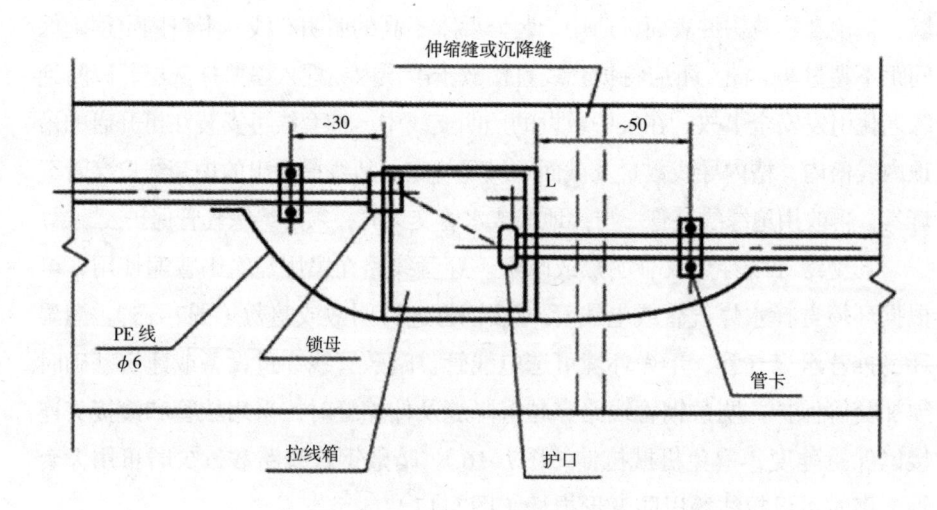

图7-17 钢管线路暗敷时过伸缩缝或沉降缝的安装

④塑料绝缘线穿塑料管明敷或暗敷。塑料绝缘线穿塑料管进行布线时，有两种主要形式：穿硬塑料管明敷或暗敷，适用于一般室内、酸碱腐蚀场所和医院须经常冲刷的部位，但不适用于机械损伤场所；穿半硬塑料管沿墙缝、板缝、板孔暗敷，适用于正常室内环境，如住宅和多层办公建筑的照明线路。硬塑料管在穿线时须遵循与金属管线相同的要求，而半硬塑料管则应避免在潮湿场所和吊顶中使用，且管线过长或弯头过多时须增设拉线盒。在混凝土中敷设时，应加以保护以避免施工损伤。

⑤线槽布线。布线时，同回路相线和中性线应置于同一线槽，总截面积不超过线槽内截面的20%，载流导体数不宜超30根。金属线槽的分支、转角等部分须用配套附件安装，接头不宜设在穿墙或楼板处。垂直或倾斜敷设时，应用线卡固定线束。地面内暗敷金属线槽适用于大空间、隔断多变、设备移动性大的场所。塑料线槽布线则适用于无高温和机械损伤的正常环境，主要用于明敷，强弱电线路应分别敷设，电线和电缆在线槽内不应设接头，分支接头应设在接线盒内。线槽的连接、分支等部分同样须用配套附件安装。

⑥电缆布线。室内电缆布线主要有明敷、电缆沟、电缆托架（桥架）等方式。明敷电缆沿墙、柱支架布置，须加装钢套管保护穿越处，并考虑建筑

物变形时可能产生的拉力。电缆沟常用于变配电所，需要防水措施并设置适当坡度以防积水。电缆托架（桥架）适用于电缆数量多且集中的场所，电缆应具有不延燃外护层，不同电压等级和用途的电缆应分开敷设，必要时用隔板隔开（图7-18）。向一级负荷供电和弱电中的不同类别电缆应使用阻燃型电缆和钢板隔开的托盘进行敷设。

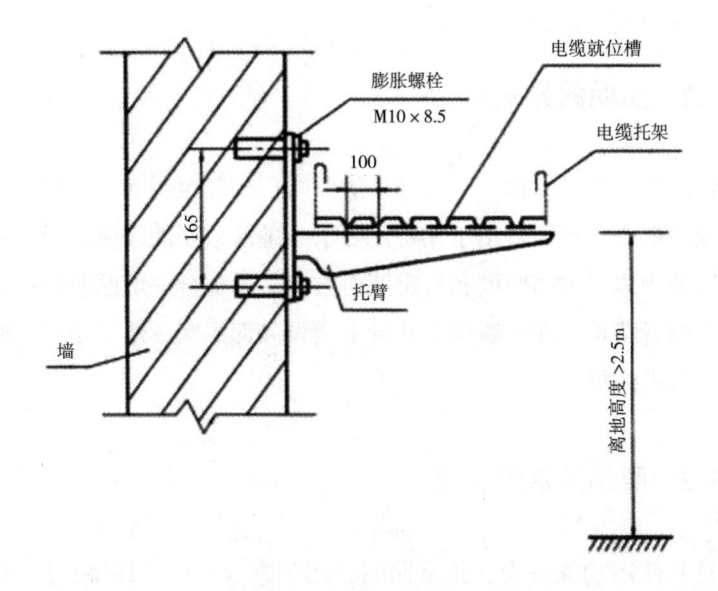

图7-18 电缆托架在墙上安装

⑦竖井布线。在竖井内，高压、低压及应急电源的线路之间应保持一定的间距，以确保安全，建议间距不小于0.3m。然而，在实际安装过程中，由于电缆数量众多，很难完全达到这一标准。因此，对于一级负荷的正常工作及应急线路（低压部分），通常采用阻燃型耐火线缆，以弥补间距不足可能带来的安全隐患。尽管如此，高压电缆的间距仍须满足规定要求，并应设置明显的标志，以确保操作和维护人员的安全。

另外，竖井中不应有其他管道进入或穿过，以保持其专用性和安全性。竖井中的PE（保护接地）干线直接与梯形托架固定安装，以提供稳定的接地保护。每层还应预留与柱子主筋相焊接的钢板，PE干线与此钢板相焊接，形成每层的等电位连接，进一步提高电气安全性能。

7.2 建筑电气照明系统

7.2.1 照明的方式与种类

7.2.1.1 照明的方式

建筑物内照明设计多样,主要分一般照明、局部照明和混合照明。一般照明均匀照亮整个区域,适用于无特定要求或条件限制的场所;局部照明针对特定区域或物体提供高照度和特定照射方向,须配合一般照明使用;混合照明则结合两者特点,在一般照明基础上增设局部照明,适用于对高照度和光照方向有要求的场所。

7.2.1.2 照明的基本种类

照明按其使用功能分为:正常照明,用于常规室内外环境;应急照明,包括备用、安全和疏散照明,确保在紧急情况下人们能继续工作或安全撤离;值班照明,专为值班人员提供;警卫照明,用于警戒任务或特殊保护场所;景观照明,提升城市或建筑的视觉效果;障碍照明,在可能危及航行安全的建筑物上设置,确保航行安全。每种照明都有其特定的应用场景和要求。

7.2.2 照明质量评价

一个优质的照明环境在追求充足光通量的同时,更侧重于照明质量。照明设计应秉持"质量至上"的原则,确保照度不低于规定标准以提升视觉功能，同时关注照明的均匀度、亮度分布、眩光控制、光源显色性以及照度的稳定性。为达到这些目标，须合理安排灯具布置，采用适当的照明方式，并限制眩光以提高视觉舒适度。此外，选择显色性好的光源以真实还原物体颜色，并确保照明供电电压的稳定，从而营造出一个既高效又舒适的照明环境。

7.2.3 照明光源与照明灯具

7.2.3.1 照明光源的选择

照明的质量和效果直接受电压稳定性的影响。电压偏低会导致光线昏暗，而电压过高则会使电光源过于明亮，产生眩光，并可能缩短灯具寿命甚至造成损坏。

在选择照明光源时，必须综合考虑照明需求和使用环境的特点。对于需要频繁开关、即时点亮、调光或避免频闪效应的场所，白炽灯或卤钨灯是理想的选择。对于颜色识别要求高、视觉条件严格的场所，如实验室或美术工作室，推荐使用日光色荧光灯、白炽灯或卤钨灯，以确保颜色的准确性。

在振动较大的环境中，荧光高压汞灯或高压钠灯因其稳定性而更受青睐；而在高挂且需大面积照明的场所，如体育场馆或仓库，金属卤化物灯或长弧氙灯则更为合适。对于一般性生产工棚、仓库、宿舍、办公室和工地道路等场所，考虑到成本效益，建议优先选择经济实惠的白炽灯和日光灯。这样的综合考量能够确保在不同环境中实现高效、舒适且经济的照明效果。

7.2.3.2 照明灯具

照明灯具是将光源发出的光进行重新分配的装置，主要由电光源、控制器（灯罩）及附件组成。除了合理的光分布、眩光防止和光源保护等基本功能外，还具有提升照明安全性和装饰环境等多重作用。

照明灯具根据其特性和应用方式可以进行多种分类。按光分布，灯具可以分为直射型、半直射型、漫射型、反射型和半反射型，这些分类基于灯具发出的光线如何分布和投射到周围环境。在结构形式上，灯具可以分为开启式、保护式、密封式和防爆式，这些分类则取决于灯具的外壳设计和对内部电气元件的保护程度。按用途划分，灯具可分为功能型灯具（如荧光灯、路灯）和装饰性灯具（如壁灯、彩灯），功能型灯具侧重于提供光照以满足特定的功能需求，而装饰性灯具则侧重于为空间增添美观和氛围。

从固定方式来看，灯具可分为吸顶灯、嵌入灯、吊灯、壁灯等，这些分类反映了灯具如何被安装和固定在特定位置。此外，按配光曲线分类，灯具还可以分为广照型、均匀配照型等，这主要取决于灯具发出的光线在特定方向上的分布特点。

在选择灯具时，需要综合考虑多个因素，包括光强度、效率、遮光角、类型、造型及颜色等。同时，满足一系列要求至关重要。首先，技术性要求确保灯具配光合理、眩光得到限制，以及照明稳定性得到保证，这是确保舒适和高效照明的基础。其次，经济性要求我们在满足技术要求的前提下，选择光效高、寿命长的灯具，以降低成本，实现长期的经济效益。再者，实用性要求我们要根据环境条件、建筑结构等实际情况选择合适的灯具类型，确保灯具与环境的适应性。最后，功能性要求根据建筑的具体功能，合理确定灯具的光、色、形和布置，不仅美化环境，还要满足使用需求，实现灯具的实用性和美观性的统一。

灯具的布置是一项重要的任务，其关键在于确定合适的安装高度和水平间距。安装高度的选择须充分考量防止眩光和保证安全两个因素，以确保灯具发出的光线既能满足照明需求又不会对人的视觉造成不适。而水平间距的确定则依赖于具体的布置方式，不同的布置方式可能需要不同的水平间距以达到最佳照明效果。在进行灯具布置时，可以参考灯具的距高比（L/H）这一关键参数，通过计算和比较不同方案的距高比，选择最合适的灯具布置方案，以实现既满足照明需求又符合审美要求的照明效果。

7.2.4 室内照明线路

室内照明系统线路由几个关键部分组成：进户线负责将电力引入建筑内部，总配电箱用于集中控制和分配电能，干线负责将电力从总配电箱传输到各个区域，分配电箱则进一步将电力分配到更具体的用电点，支线连接分配电箱和最终的用电设备，而用户配电箱（或直接的照明设备）则是电力消费终端，它们共同构成了完整的室内照明线路系统。

7.2.4.1 电源进线

（1）供电电源与形式。在建筑照明系统设计中，不同功能的照明线路根据其重要性和性质被划分为不同的负荷等级。对于一类高层建筑，其关键照明系统如应急照明、楼梯间及走廊照明等被归类为一级负荷，要求极高的供电可靠性，通常采用两路来自不同变电站的电源供电，并配备应急电源如蓄电池、发电机等。

而二类高层建筑的相应照明系统则为二级负荷，供电要求稍低，通常采用两回路供电并设有应急电源。三级负荷则无特殊供电要求。在供电方式上，标准情况下采用380V/220V三相电源，但在负荷电流较小或特殊环境下，如易发生触电、环境潮湿或需要移动照明的区域，会采用36V、24V、12V等低电压供电，以确保人员安全。这样的设计确保了照明系统的可靠性和安全性，满足了不同场景下的照明需求。

（2）电源进线线路敷设。电源进线的主要形式包括架空进线和电缆进线。架空进线包括接户线和进户线，接户线从电杆引出至建筑外墙，进户线则从外墙进入建筑内部配电箱。另一种进线方式为电缆进线，通过埋地方式引入室内配电箱，在穿越建筑基础时须用钢管保护并防水防火。

7.2.4.2 配电箱

电气照明线路配电系统设计遵循三级配电原则：总配电箱、分配电箱、用户配电箱，简化结构，提高可维护性。配电箱是关键电气装置，集成断路器、开关等设备，主要功能为电能分配和线路控制。低压配电箱分电力和照明配电箱，安装方式有悬挂、嵌入和半嵌入，材质上铁制配电箱受欢迎。配电箱还分强电箱和弱电箱，分别用于电力分配和弱电信号管理。安装方式有明装和暗装，以满足不同的美观和实用需求。

7.2.4.3　干线与支线

照明线路的干线扮演着至关重要的角色，它承载着将电力从总配电箱高效、稳定地输送到各个分配电箱的任务。而支线则是这些电力的进一步延伸，它们从分配电箱出发，精准地将电力分配到每一个照明电器或用户配电箱。同样地，从用户配电箱引出的线路也被视为支线，继续为各个用电设备提供必要的电力支持（图7-19）。

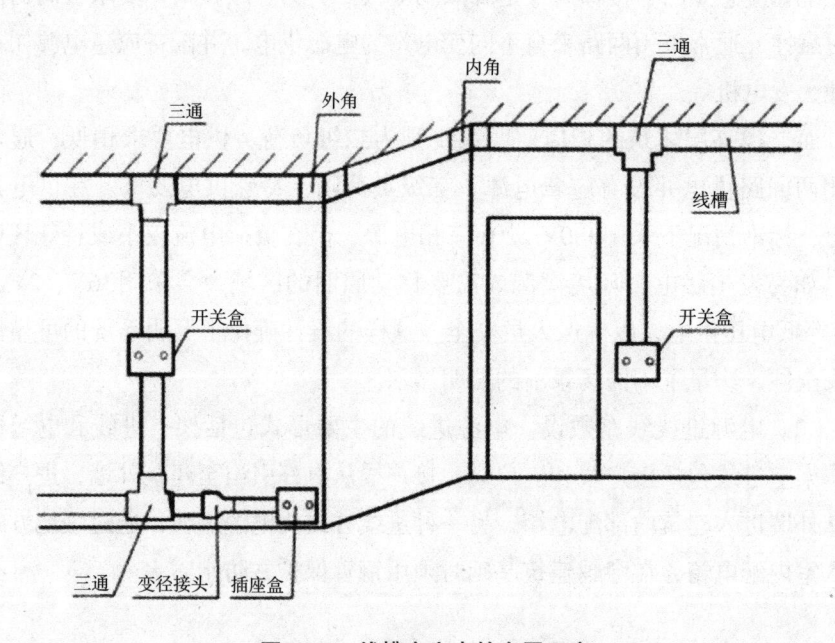

图7-19　线槽在室内的布置示意

（1）干线线路的敷设。干线线路常用敷设方法包括封闭式母线配线和电缆桥架配线。封闭式母线配线结构紧凑、绝缘强、电流大、易安装维修，适用于工矿企业、高层建筑等低电压、大电流系统，常安装在电气竖井内。电缆桥架配线则用于支持电缆，适用于电缆数量多或集中的环境，如电气竖井内，为电缆提供稳定支撑和保护。

（2）支线线路的敷设。

将电缆或导线从主干线分支出来，并沿特定路径进行固定和铺设的过程。在敷设过程中，需要确保线路的安全、稳固，并避免机械损伤和介质腐蚀，具体方法和要求会因敷设环境和条件的不同而有所差异。

7.2.4.4 照明线路设备

照明线路的设备主要有灯具、开关、插座、风扇等。开关和插座的型号由面板尺寸、类型、特征、容量等参数组成。

7.3 建筑电梯系统

7.3.1 概述

1853年，奥梯斯发明了蒸汽动力载人升降机，开启了现代电梯的序幕。1889年，奥梯斯电梯公司又创新了电力驱动的电梯，使用直流电机。如今，电梯已成为高层建筑的必备工具，其选择与应用与建筑布局和功能密切相关。电梯的机械系统包括曳引、对重、导向、轿厢等关键部分，确保稳定运行和乘客安全。电气控制系统更为复杂，包括控制柜、操纵箱、楼层指示灯等，精确配合确保电梯准确响应，以提供舒适安全的乘坐体验。

7.3.1.1 电梯的分类

电梯作为现代建筑中的关键组成部分，可以根据其不同的特点进行多角度分类。首先，按用途分类，电梯包括专为运输乘客设计的乘客电梯（客梯）、主要用于运输货物的货物电梯（货梯）、兼具乘客和货物运输功能的客货两用电梯、对运行平稳性和噪声有严格要求的医用电梯、紧急情况下供消防人员使用的消防电梯、提供观光功能的观光电梯，以及用于运输小型货物的杂物梯。

其次，从电力拖动方式来看，电梯分为采用交流电动机拖动的交流电梯、使用直流电动机驱动的直流电梯，以及通过液压传动方式升降的液压电梯。

再次，按速度分类，电梯有低速电梯（速度小于1m/s）、快速电梯（速度在1~2m/s）、高速电梯（速度在2~6.3m/s）和超高速电梯（速度超过6.3m/s）。

最后，从控制方式来看，电梯可分为简单控制电梯、信号控制电梯、集选控制电梯以及群控电梯和梯群智能控制电梯，后者利用微电脑设备根据客流情况自动选择最佳运行方式和电梯台数。这些分类方式有助于我们更全面地了解电梯的多样性和应用范围。

7.3.1.2 电梯的产品规格及主要技术参数

我国的电梯产品严格遵守一系列行业标准，并以其多样化的特性和广泛的分类满足不同场合的需求。从电梯种类来看，包括专为运输乘客的客梯、货物运输的货梯，以及提供观光功能的观光梯等。在额定载重量方面，客梯和货梯的载重量各有差异，以适应不同的使用场景。电力拖动与控制方式方面，电梯可采用交流或直流拖动，以及信号控制、集选控制、群控等多种控制方式。

此外，电梯的开门方式、提升高度、轿厢尺寸和额定速度等参数也是选择电梯时需要考虑的重要因素。特别地，一些超高层建筑如上海浦东的金茂大厦和东方明珠广播电视塔采用的电梯具有超高的运行速度，达到了国际领先水平。在品牌方面，我国市场上既有上海三菱电梯、迅达电梯、广日电梯等国内知名品牌，也有奥梯斯、日立、东芝等进口品牌，它们凭借各自的技术优势和服务质量，在我国电梯市场上占据了一席之地。

7.3.2 电梯选用的一般原则

7.3.2.1 根据建筑标准确定

在选择电梯时，需要综合考虑技术性能指标和经济指标两个关键因素。

（1）技术性能指标。技术性能指标是衡量电梯品质的核心标准，它直接反映了电梯的先进性、合理性和稳定性。在先进性方面，电梯通过运用现代电子技术和控制技术，实现了高速度运行、高精度平层、高效率运输以及高舒适性的乘坐体验，满足了现代社会对于高效便捷出行方式的需求。

在合理性方面，电梯的选型需要充分考虑不同场所和服务对象的特点，确保电梯的技术性能指标与实际应用需求相匹配。例如，宾馆的乘客电梯需要具备更高的平层准确度、舒适性和多样化的控制功能，以提供优质的客户服务；而住宅电梯则更注重实用性和经济性。此外，稳定性是电梯技术性能指标中不可或缺的一环。电梯系统必须性能稳定，故障率低，可靠耐用，以确保乘客的安全和舒适。通常，电梯的稳定服务期应达到20年以上，以满足长期使用的需求。

（2）经济指标。经济指标在电梯的选择和运营中扮演着至关重要的角色，主要包括初投资费用和运行费用两个方面。初投资费用涵盖了电梯设备本身的购置成本，以及与之相关的运输费、安装调试费，还包括为电梯所必需的井道和机房的土建费用及装修费等。这些费用构成了电梯投入使用前的总投入成本。

而运行费用则是指电梯在运营过程中所产生的费用，主要包括电梯的定期维护费用、运行所需的电费，以及电梯司机和管理人员的工资等。这些费用是电梯长期运营中必须考虑的经济成本。因此，在选择和运营电梯时，经济指标的评估和比较是至关重要的,它将直接影响电梯的整体经济效益和使用价值。

7.3.2.2 根据建筑物楼层数确定

在选择电梯的额定运行速度时,建筑物的楼层数是一个重要的考量因素。当建筑物拥有众多的楼层(即建筑物较高)时,选择额定运行速度较高的电梯是明智之举。这是因为高速电梯能够更快地完成从底层到高层的运输任务,提高垂直交通的效率,特别是在人流密集或高峰时段,能够显著减少乘客的等待时间,提升整体使用体验。

然而,对于楼层数较少(即建筑物较矮)的场合,选择额定运行速度较低的电梯则更为合适。这是因为低速电梯在短距离内运行更加稳定,同时能够降低能耗和运行成本。此外,低速电梯的维护和保养也相对简单,减少了后期的运营负担。

具体的运行速度还需要根据建筑物的楼层数、人流量、使用频率等因素进行综合考虑。在实际应用中,建筑师、电梯工程师和业主应共同商讨,根据建筑物的具体需求和特点,选择合适的电梯额定运行速度。通过合理的选择,可以确保电梯在满足使用需求的同时,实现高效、安全、舒适的运行效果。

7.3.2.3 根据运输能力和平均等待时间确定

表征电梯服务质量的重要因素是电梯的运输能力及乘客的平均等待时间。

(1)电梯的运输能力(Δ)。电梯的运输能力是指在客流高峰时段,当电梯轿厢的负载率达到其额定容量的80%时,电梯在5min内所能运送的乘客数量占服务总人数的百分比。这一指标也被称为高峰运输能力或客流集中率。

$$\Delta = 5\text{min内电梯的运输能力} = 5 \times 60NR/(T_{RT} \cdot Q) \tag{7-1}$$

式中，R为电梯轿厢的乘客人数；N为电梯台数；Q为建筑内的总人数；T_{RT}为电梯往返一周的时间（s）。

（2）平均等待时间。也被称为平均候梯时间，是指乘客按下电梯召唤按钮后，从等待开始到电梯到达所召唤楼层所需的平均时间。由于乘客到达的时间与电梯到达的时间往往不一致，这一指标反映了乘客在电梯系统中的平均等待体验，以T_{AVW}表示：

$$T_{AVW} = 85\% T_{RT} / N \tag{7-2}$$

式中，T_{RT}为电梯往返一周的时间（s）；N为选用电梯的台数。

显然，电梯台数的增加通常能够减少平均等待时间，但这一效果与电梯的控制方式紧密相关。当电梯数量达到两台或更多时，通过采用先进的控制方式，如集控、群控或梯群智能电梯系统，可以显著缩短乘客的平均等待时间。相反，即使电梯数量较多，如果采用较为简单的控制方式，乘客仍可能面临较长的候梯时间。

根据建筑物对电梯运输能力和平均等待时间的具体需求，我们可以初步确定需要安装的电梯台数。各种建筑物所需电梯的运输能力和平均等待时间的建议值，可以参照相关表格或指南来确定。

7.3.2.4 根据电梯客流确定

电梯的配置在建筑设计中扮演着至关重要的角色。为了提升电梯的利用效率，必须对建筑物的客流情况进行详细且合理的分析。建筑物的客流情况通常与其用途紧密相关，不同性质的建筑物会展现出不同的客流模式。

（1）办公楼。在办公楼中，客流高峰主要出现在上班时段，其次是午饭和下班时间。上班时，大部分客流从一层流向其他楼层，以上行乘客为主，一般5min内的载客率约为15%。下班时，客流方向则相反。午饭时间，上行和下行客流都会出现高峰，但下行客流通常约为上行客流的两倍。

（2）住宅。在住宅楼中，客流分布具有明显的时段性。早晨以下行客流为主，傍晚则以上行客流为主，形成客流高峰。早晨时，居民须快速下楼前往目的地，因此电梯下行服务尤为重要。傍晚，居民返家，电梯上行服务面临较大压力。电梯的载客率也是关键考量因素，通常5min内载客率约为5%，这为电梯容量设计提供了参考。此外，上行与下行客流比例大约为3∶1，反映了居民日常出行规律。

（3）宾馆。宾馆的客流情况虽与办公楼有所差异，但与住宅楼有相似之处。客流高峰时段主要集中在上午、中午和傍晚，这与宾客的入住、退房和外出就餐等活动紧密相关。在这些高峰时段，电梯的使用频率显著上升。特别地，午饭时间是一个特殊的时段，此时上行和下行客流均会出现高峰，因为宾客们既要外出就餐，也有宾客正在返回宾馆。此时，上行与下行客流的比例接近1∶1，意味着电梯需要同时满足宾客上下楼的需求。因此，在设计和运营宾馆电梯系统时，必须充分考虑客流高峰时段和午饭时间的特殊情况，以确保电梯服务的顺畅和高效。

（4）商场。商场的客流与购物人流紧密相连，高峰时段集中在周末和节假日。客流量与商场的经营内容、规模及服务质量紧密相关。在客流高峰期，商场的运载压力显著增加，每小时的载客率可达到$0.4\sim0.8$人$/m^2$，计算面积主要基于3层以上的售货区域。此时，上楼与下楼的客流比例接近1∶1，意味着电梯需要同时满足上下楼顾客的需求。

由于现代商场规模庞大，电梯运载能力受限，因此大型商场普遍采用自动扶梯作为主要运输工具，以分流客流，减轻电梯压力。在这种配置下，电梯更多地为商场内部员工及特殊需求顾客提供服务，确保商场运营的高效与顺畅。

7.3.3 常用电梯及其应用

7.3.3.1 高层建筑电梯

高层建筑的电梯配置主要包括：客用电梯，专为运送垂直客流设计；消防电梯，在火灾等紧急情况下，用于运送救护人员和消防器材。通常，消防电梯会兼作客梯或货梯使用，以及为工作人员提供专用服务；货梯，主要用于运输行李、包裹和货物；其他，如工作人员专用电梯、观光电梯等，根据建筑的具体需求进行设置。

在选择电梯时，应综合考虑运输能力和候梯时间。通常，电梯的输送能力应能在5min内满足15%的客流需求。楼层较多的建筑应选用高速电梯，而楼层较少的则可采用中、低速电梯。在控制方式上，集控和群控是优先选项，特别是当电梯数量超过4台时，群控装置更是不可或缺。

对于电梯的速度，应根据建筑高度和交通客流量来确定。例如，15层以下的建筑可采用0.7~1m/s的低速电梯或1.5~1.75m/s的快速电梯；15~30层的建筑则适宜选用1.5~1.75m/s的快速电梯或2~3.5m/s的高速电梯；而60层以上的超高层建筑则需要5.5~10.5m/s的超高速电梯。

关于电梯的载客重量，不同的建筑类型有不同的需求。例如，中、小型办公楼可选750~1 000kg的电梯；大型办公楼则可能需要1 150~1 600kg的电梯；公寓和小型医院可选用800~1 000kg的电梯；而住宅电梯的载客重量范围则较宽，从320~1 600kg不等。

7.3.3.2 住宅电梯

住宅电梯须考虑低噪声、长无故障运行时间、经济费用。其运行速度通常不必过高，以平衡居民出行需求、使用性能和经济性，确保高效、经济、安全运行。

（1）住宅电梯的定义。住宅电梯与乘客电梯虽共享确保安全、可靠、平稳运输的技术核心，但因其服务环境和使用场景的不同，在轿厢装饰和服务功能配置上存在差异。乘客电梯，特别是在高端商业和办公场所，追求豪华设计和丰富功能以提供极致舒适体验。而住宅电梯则更强调经济性和实用性，其轿厢装饰简约实用，以符合住宅环境的实际需求。在功能配置上，住宅电梯注重满足居民日常出行的基本需求，如楼层呼叫、安全照明、紧急呼叫等，同时确保在预算范围内提供相对满意的舒适性。

根据ISO 4190—1：2015标准，电梯被分为Ⅰ、Ⅱ、Ⅲ、Ⅳ、Ⅴ五大类，其中Ⅱ类电梯即为住宅电梯。这类电梯主要服务于居住建筑，旨在满足居民上下楼层的日常需求，同时也具备一定的货物运输能力。新修订的《电梯主参数及轿厢、井道、机房的型式与尺寸　第1部分：Ⅰ、Ⅱ、Ⅲ、Ⅳ类电梯》（GB/T7025.1-1997）也沿用了这一分类方法。此外，还须满足我国建筑、消防、安全保护和无障碍服务的现行规范，包括井道、机房设计符合建筑规范，消防功能满足消防部门要求，安全保护系统确保乘客安全，以及无障碍设计满足特殊群体需求。

（2）住宅电梯主要参数的选择。对于住宅建筑的设计者和投资商来说，选择合适的住宅电梯类型以及主参数同样至关重要。

①优化电梯类型选择。曳引式电梯：作为目前市场上最常见的电梯类型，曳引式电梯凭借其稳定可靠的性能和合理的成本，成为多层和中高层住宅的首选。根据建筑结构和设计需求，可以选择中分门、旁开门或外敞式铰链门等不同开门形式的曳引式电梯。

液压电梯：虽然液压电梯成本和维护费用较高，但在某些特定场合（如三层以下的别墅建筑）仍具有其独特的优势。设计者和投资商需要综合考虑建筑层数、屋顶机房设置等因素，决定是否采用液压电梯。

新型电梯技术：随着科技的进步，一些新型电梯技术（如磁悬浮电梯、线性电机电梯等）不断涌现。这些新技术虽然成本较高，但具有更高的运行效率和更低的能耗，值得在高端住宅项目中考虑。

②精准配置电梯主参数。额定载重量：根据住宅的户型、居住人数以及无障碍服务要求，合理选择电梯的额定载重量。一般来说，多层住宅可选择400kg或630kg的电梯，而中高层住宅则需要考虑800kg或1 000kg的电梯。

额定速度：电梯的额定速度应根据建筑高度和乘客需求来确定。低层住宅可选择0.63m/s或1.0m/s的电梯，而高层住宅则需要考虑1.6m/s或2.0m/s的电梯。

③优化电梯拖动与控制系统。电梯的拖动系统利用变压变频调速技术（VVVF）等先进技术，优化电机与驱动器的匹配，实现高效、节能、平稳的运行，降低运行成本。控制系统则通过可编程控制器（PLC）等先进控制技术，确保电梯的安全、可靠运行，并通过扩展冗余输入/输出点增加智能化控制功能，提升电梯的智能化水平。

④引入远程故障诊断功能。对于住宅小区中电梯数量较多的情况，应优

先考虑采用带有远程故障诊断功能的电梯。这种电梯可以通过智能技术预先判断电梯的工作状况，发现可能的事故隐患，及时报警并实现远程通信。虽然价格略高，但可以从总体上降低物业管理成本，提高电梯的运行效率和安全性。

⑤注重电梯的维护与保养。电梯的维护与保养是保证其长期稳定运行的关键。设计者和投资商在选择电梯时，应充分考虑电梯制造商的售后服务能力和维护保养体系，确保电梯在使用过程中得到及时、专业的维护和保养。

7.3.3.3 自动扶梯

（1）自动扶梯简介。自动扶梯，作为一种高效的楼层间运输工具，其独特之处在于能够连续不断地承载大量人流。因此，它在各种公用建筑中得到了广泛应用，如商场、饭店、写字楼以及地铁车站等。

为了确保乘客在集中人流中的安全与舒适，自动扶梯通常设计有平缓的坡度，倾斜角一般小于40°，并且运行速度控制在1m/s以内。

自动扶梯由驱动装置、运行装置和支撑装置构成。驱动装置包含曳引电机变速、传动和控制设备，为扶梯提供动力和控制；运行装置负责乘客运输，包括传动链条、扶手和踏板；支撑装置则确保扶梯结构的稳定性和安全性，由主体框架和栏杆组成。

由于自动扶梯通常处于连续运行状态，且需要承载大量人流，因此其拖动电机的功率一般较小，通常在3.7kW~15kW，多数采用交流异步电机。这种电机的控制方式相对简单，通常采用单速驱动。

自动扶梯的电源配置通常采用三相四线制供电，确保安全地送至控制箱旁。我国有多家知名自动扶梯生产厂家，如上海三菱电梯的TT型、湖南电梯厂的XFT系列、广州电梯工业公司的CX系列等，产品丰富多样，满足不同场合需求。

（2）自动扶梯的分类和选择。自动扶梯按宽度分为600mm、800mm和1 000mm三种，其运送能力为：

$$自动扶梯运送能力=3600（v·k/0.405）（人/h） \qquad (7-3)$$

式中，v为自动扶梯运行速度（m/s），通常在1m/s以下；k为与自动扶梯宽度有关的系数，当自动扶梯宽度为600mm时，$k=1$；当自动扶梯宽度为800mm时，$k=1.5$；当自动扶梯宽度为1 000mm时，$k=2$。

思考题

1. 变电所的形式有哪些？不同形式的变电所在建筑设计时需要考虑哪些特殊要求？
2. 工业与民用建筑的供电系统有哪些主要区别？在设计时如何根据建筑类型选择合适的供电系统？
3. 供电系统线路的安装过程中，需要特别注意哪些安全和技术要求？如何确保线路的可靠性和可维护性？
4. 照明质量的评价标准有哪些？如何通过合理的照明设计提高室内照明质量？
5. 在选择照明光源时，应考虑哪些因素？不同光源的优缺点是什么？如何根据使用场景选择合适的照明光源？
6. 室内照明线路的设计中，如何合理规划电源进线、配电箱、干线与支线的布局？这对提高照明系统的效率和可靠性有何影响？
7. 电梯的分类有哪些？不同类别的电梯在功能和用途上有何区别？
8. 在选择电梯时，如何根据建筑物的用途、服务对象、楼层高度及建筑标准来确定电梯的规格和数量？
9. 电梯的额定运行速度是如何确定的？它与哪些因素有关？过快的运行速度会带来哪些潜在问题？
10. 电梯的客流分析在电梯配置中扮演什么角色？如何通过客流分析来优化电梯的配置和运行策略？
11. 高层建筑电梯、住宅电梯和自动扶梯在设计和使用上有哪些特殊考虑？它们各自的优缺点是什么？
12. 随着技术的发展，智能电梯系统逐渐成为趋势。智能电梯系统相比传统电梯系统有哪些改进和创新？这些改进如何提升用户体验和电梯运行效率？

第8章 智能建筑系统

本章所阐述的建筑电气，聚焦于建筑系统中的弱电环节，涵盖智能建筑系统、智能集成系统、信息设施系统、建筑设备管理系统以及公共安全系统等众多方面。

8.1 智能建筑系统概述

智能建筑是以建筑物作为基础平台，通过综合运用多种智能化信息，实现架构、系统、应用、管理和优化组合的高度集成。这类建筑不仅具备感知、数据传输、信息存储、逻辑推理、情况判断和决策执行的全面智能能力，还能将人、建筑和环境三者和谐地融为一体。它们以提供安全、高效、便捷以及促进可持续发展的功能性环境为目标，服务于人们的日常生活和工作。

8.1.1 建筑智能化系统工程

8.1.1.1 智能化系统工程组成

智能化系统通常由多个关键部分组成，其中，信息化应用系统提升数据处理和交互能力，智能化集成系统实现各种智能化功能的集中管理和控制，信息设施系统保障信息的顺畅传输，建筑设备管理系统用于监控和优化建筑内部设备的运行，公共安全系统确保建筑内的安全，机房工程支撑整个智能化系统的稳定运行，等等。

8.1.1.2 建筑智能化系统工程的架构和系统配置

建筑智能化系统以基础设施、信息服务设施以及信息化应用设施为核心进行构建。在基础设施层面，主要包括公共环境设施和机房设施，这些是系统的基础支撑。信息服务设施则与应用信息服务设施的信息应用支撑部分相对应，负责信息的处理和传递。而信息化应用设施与应用信息服务设施的应用部分相匹配，专注于实现具体的信息化应用功能（图8-1）。这种层次化的结构确保了智能化系统的高效、稳定运行，以满足现代建筑的多样化需求。

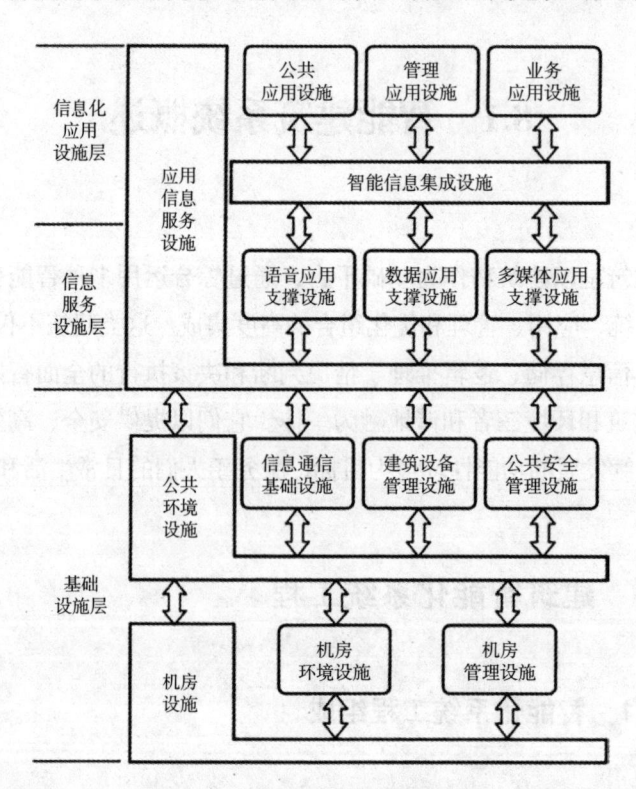

图8-1 智能化系统工程设施架构

与智能化系统工程设施架构相对应，智能化系统工程的系统配置详见表8-1。

表8-1 智能化系统工程的系统配置

应用信息服务设施	信息化应用设施	公共应用设施	公共服务系统
			智能卡应用系统
		管理应用设施	物业管理系统
			信息设施运行管理系统
			信息安全管理系统
		业务应用设施	通用业务系统
			专用业务系统
	智能信息集成设施		智能化信息集成（平台）系统
			集成信息应用系统
信息服务设施	语音应用支撑设施		用户电话交换系统
			无线对讲系统
	数据应用支撑设施		信息网络系统
	多媒体应用设施		有线电视系统
			卫星电视接收系统
			公共广播系统
			会议系统
			信息导引及发布系统
			时钟系统
基础设施	信息通信基础设施		信息接入系统
			布线系统
			移动通信室内信息覆盖系统
			卫生通信系统
	建筑设备管理系统		建筑设备监控系统
			建筑能效监管系统

续表

基础设施	公共安全管理设施	公共安全系统		火灾自动报警系统
			安全技术防范系统	入侵报警系统
				视频安防监控系统
				出入口控制系统
				电子配套系统
				访客对讲系统
				停车库（场）管理系统
			安全防盗综合管理（平台）系统	
			应急响应系统	
	机房环境设施	机房工程	信息接入机房	
			有线电视前端机房	
			信息设施系统总配线机房	
			智能化总控室	
			信息网络机房	
			用户电话交换机房	
			消防监控室	
			安防监控中心	
			智能化设备间（弱电间）	
			应急响应中心	
	机房管理设施		机房安全系统	
			机房综合管理系统	

8.2 智能化集成系统

智能化集成系统是一个为实现建筑运营和管理目标而设计的系统。它建立在统一的信息平台之上，通过各种智能化信息的集成方式，构建了一个功能强大的系统。该系统能够汇聚各类信息，实现资源的有效共享，确保各个部分协同运行，并通过优化管理来提升整体运营效率。

8.2.1 智能化信息集成系统（平台）的组成

智能化信息集成系统是一个综合性的系统，它涵盖了操作系统、数据库、集成平台的应用程序，以及各种智能化设施系统和与集成相关的各类信息通信接口。为了实现智能化系统信息的集成以及信息化应用程序的顺畅运行，该系统采用了合理的架构，并配置了相应的平台应用程序和各种应用软件模块。

8.2.2 智能化集成系统架构

8.2.2.1 集成系统平台

集成系统平台包括设施层、通信层和支撑层。

（1）设施层。这一层涵盖了所有被纳入集成管理的智能系统设施以及它们的运行程序。

（2）通信层。在通信层中，我们采用了包括标准化、非标准化以及专用协议的数据库接口，这些接口能够实现与基础设施或集成系统之间的顺畅数据通信。

（3）支撑层。这一层为整个平台提供了坚实的应用支撑框架和底层通用服务。具体来说，它包括了数据管理基础设施（如实时数据库、历史数据库和资产数据库）、全面的数据服务（如统一的资源管理服务、访问控制服务以及其他应用服务）、基础应用服务（如数据访问服务、报警事件服务以及信息访问门户服务等），还提供了如集成开发工具、数据分析和数据展现等基础应用。

8.2.2.2 集成信息应用系统

集成信息应用系统包括应用层、用户层。

（1）应用层。应用层是构建在应用支撑平台和基础应用组件之上的，它为用户提供了一系列通用的业务处理功能。这些功能包括但不限于信息的集中监控、事件的处理、控制策略的制定、数据的集中存储、图表的查询与分析、权限的验证，以及统一的管理等。此外，该层的管理模块还具备通用性和标准化的特点，能进行统一的监测、存储、统计、分析以及优化等操作。举例来说，这些功能可以体现在电子地图（可根据系统类型和地理空间进行详细划分）、报警管理、事件管理、联动管理、信息管理、安全管理、短信报警管理，以及系统资源管理等方面。

（2）用户层。该层同样以应用支撑平台和通用业务应用组件为基础，但它更侧重于满足建筑物的主体业务需求，并确保运营的规范化和管理应用的有效性。这一层通常涵盖了诸如综合管理、公共服务、应急管理、设备管理、物业管理、运维管理，以及能源管理等多个方面。例如，可能包括面向公共安全的综合安防管理系统，面向运维的设备管理系统，面向办公服务的信息发布系统和决策分析系统，以及面向企业经营的ERP业务监管系统等。

8.2.2.3 系统整体标准规范和服务保障体系

系统整体标准规范和服务保障体系包括标准规范体系、安全管理体系。

（1）标准规范体系构成了整个系统构建的技术基石，为系统的各个部分提供了统一的技术指导和规范。

（2）安全管理体系则是系统建设的核心支柱，它贯穿于整个系统架构的各个层面。这个体系不仅涵盖了权限管理、应用安全、数据保护,还包括设备安全、网络安全、环境安全以及相关的制度建设。运维管理系统则是一个综合性的框架,它涉及组织结构、人员配置、工作流程、制度建设和工具平台等多个维度。智能化集成系统的架构见图8-2。在实际的工程设计中,根据项目的具体情况,采用最合适的架构,并配置相应的应用程序和软件模块。

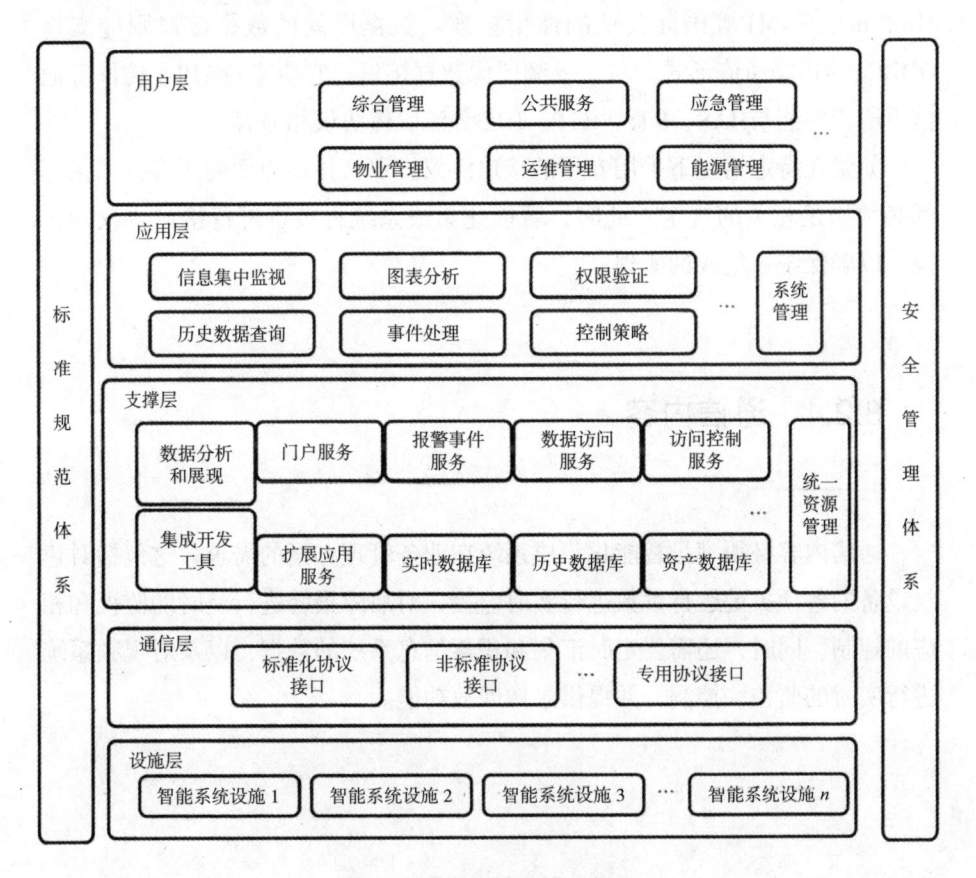

图8-2 智能化集成系统架构

8.2.3 智能化集成系统通信互联

智能建筑工程中的各类智能化系统之间的信息交流,必须通过标准化的数据通信接口来实现，这是为了确保智能化系统信息集成平台和信息化应用能够达成整体建设目标。

通信接口程序可以包含多种类型，如实时监控数据接口、数据库之间的数据接口，以及视频图像数据接口等。实时监控数据接口需要支持如RS232/485、TCP/IP、API等多种通信方式，并且应兼容BACNet、OPC、Modbus、SNMP等国际公认的通信标准。数据库间的数据接口则应支持ODBC、API等通信形式。对于视频图像数据接口，它应支持API、控件等通信手段，并能与HAS、RTSP/RTP、HLS等流媒体协议相兼容。

如果在特定情况下采用专用的接口协议，那么接口界面的所有技术指标都必须满足相关的规定。此时，智能化集成系统将负责进行接口协议的转换，以确保统一集成的实现。

8.2.4 通信内容

通信内容必须满足智能化集成系统在业务管理方面的需求。这包括对建筑设备的各项关键运行参数进行实时监控，对故障报警进行及时的监视和相应的控制。同时，还需要定时汇集和积累信息系统的数据，以及对视频系统进行实时的监控、控制，并提供录像回放功能。

8.3 信息设施系统

信息设施系统是一个综合性的系统，旨在满足建筑物在信息通信方面的需求。该系统整合了各类具备接收、交换、传输、处理、存储以及显示功能的信息系统，为建筑物提供了全面的公共通信服务基础。

信息设施系统涵盖了多个子系统，包括信息接入系统、布线系统、移动通信室内信号增强系统、卫星通信系统、用户电话交换系统、无线对讲通信系统、信息网络系统、有线电视及卫星电视信号接收系统、公共广播播报系统、会议系统、信息导航及公告发布系统，以及时钟同步系统等。

8.3.1 信息接入系统

信息接入系统充当了外部信息与建筑物内部信息交互的桥梁，同时也是建筑内部信息与外部更广泛信息环境连接的关键环节。这一系统旨在满足建筑物内部各类用户对信息通信的多样化需求。通过该系统，各类公共信息网和专用信息网能够顺畅地接入建筑物内部，从而支持建筑物内用户所需的各种信息通信服务。

在现代电信网络中，根据所使用的传输介质不同，接入网可以划分为有线接入网和无线接入网两大类别。有线接入网进一步细分为铜线接入网、光纤接入网以及混合光纤/同轴电缆接入网等几种类型。而无线接入网则包括固定无线接入网和移动接入网两种模式。

8.3.2 综合布线系统

综合布线系统是现代建筑和大型企业网络的基础设施，它确保数据的高效、稳定传输。综合布线系统主要由以下七个部分组成。

（1）工作区是用户实际使用网络设备和计算机的区域，例如办公室、会议室等。工作区主要包括信息插座、终端设备（如计算机、电话等）以及连接到这些设备的线缆。

（2）配线子系统负责将工作区的信息插座连接到楼层配线架。它通常由水平线缆（如双绞线）和信息插座组成，用于满足同一楼层内不同工作区之间的通信需求。

（3）干线子系统是建筑物内主干线缆的路由，用于连接不同楼层的配线架。它通常采用光纤或更粗的同轴电缆，以支持更高的数据传输速度和更大的带宽。

（4）建筑群子系统通过室外电缆或光缆连接不同建筑物的配线设备，实现建筑群间的数据传输。

（5）设备间通常位于建筑物的中心位置，用于放置网络设备，如交换机、路由器等。它是整个布线系统的核心部分，负责数据的处理和转发。

（6）进线间是外部通信线路进入建筑物并转换为室内线缆的地方。它通常包含保护设备和连接设备，用于确保外部线路与内部系统的兼容性和安全性。

（7）管理系统涉及对布线系统的规划、记录、监控和维护。主要包括布线图纸的维护、端口和线缆的标签管理、性能监控等，以确保整个系统的可靠性和性能。

综合布线系统组成如图8-3所示。

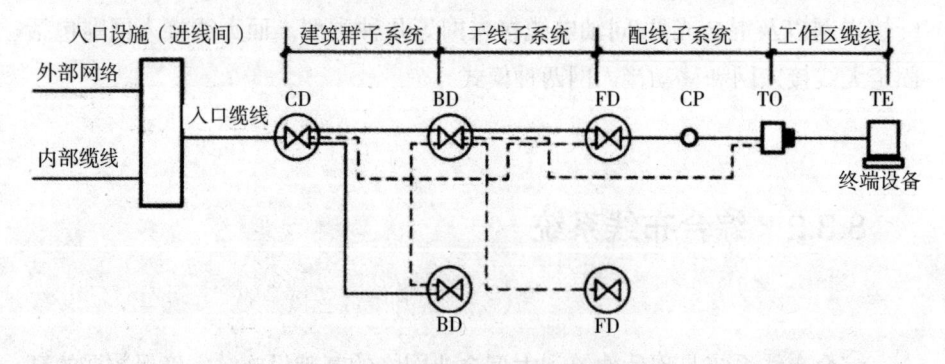

图8-3 综合布线系统组成示意

配线子系统中可以设置集合点（CP点）；建筑物BD之间、建筑物FD之间可以设置主干缆线互通；建筑物FD也可以经过主干缆线连至CD，TO也可以经过水平缆线连至BD；设置了设备间的建筑物，设备间所在楼层的FD可以和设备间中的BE或CD及入口设施安装在同一场地。

TE：终端设备；CP：集合点；TO：信息插座；CD：建筑物群配线设备；BD：建筑物配线设备；FD：楼层配线设备

综合布线系统设置如图8-4所示。

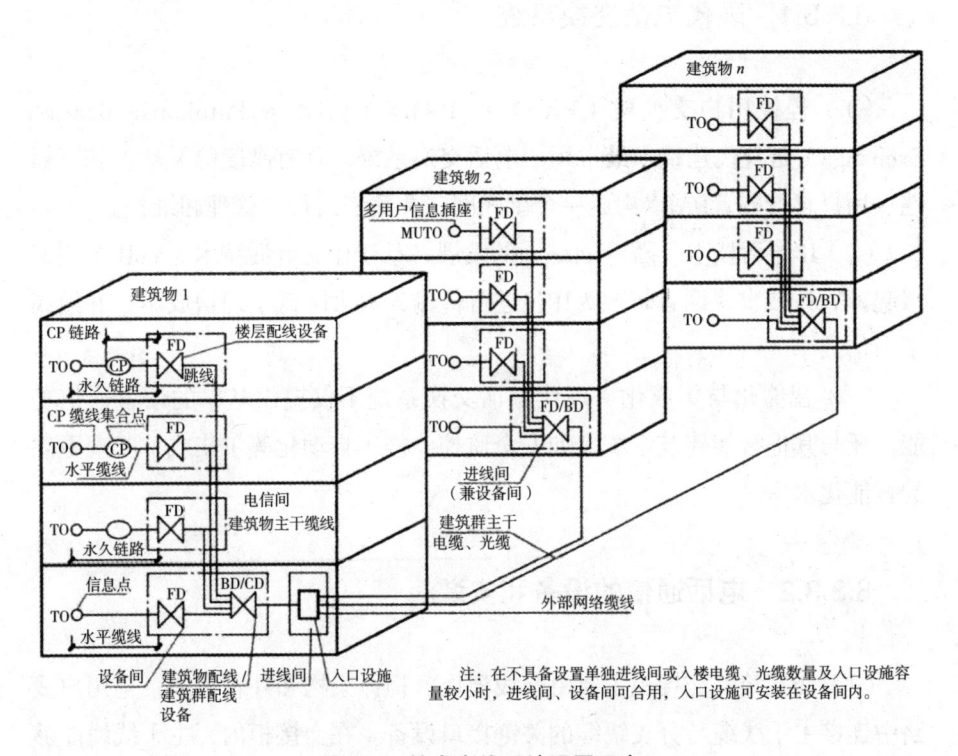

图8-4 综合布线系统设置示意

8.3.3 用户电话交换系统

用户电话交换系统应当与建筑物的业务特点、使用功能以及安全要求相匹配，同时需要满足建筑内部的语音通话、传真传输、数据交换等通信需求。系统的容量设计、中继线路的数量和方式都应根据实际使用需求和话务量来确定，并应保有一定的冗余量。此外，系统还应具备扩展与建筑类业务相关的其他增值应用功能的能力。在系统设计过程中，须遵循当前的国家标准《用户电话交换系统工程设计规范》（GB/T 50622—2010）的相关规定。

8.3.3.1 现代电话交换系统

（1）程控用户交换机（PABX）。PABX（Private Automatic Branch Exchange）是现代建筑中最常用的电话交换系统，具有高度的灵活性和可靠性。用户自行购置PABX构成一个星式网，并负责运行、管理和维护。

（2）IP电话技术。随着Internet的发展，基于IP的电话技术（VoIP）逐渐兴起。VoIP技术将话音转换为IP包进行传输，大大降低了通信成本，并提高了通信效率。

（3）智能化与集成化。现代电话交换系统不仅提供基本的语音通信功能，还与其他智能建筑系统（如安全监控、楼宇自动化等）集成，实现更高的智能化水平。

8.3.3.2 电话通信的设备和安装

（1）交接箱。交接柜主要由配线模块、柜体架构和外箱组成，是用户线路中连接主干线缆与分支线缆的关键接口设备。在交接柜内，主干线缆能够与任意选择的分支线缆相连接。

电缆交接柜主要用于电话线缆在上升管道及楼层管道中的分支与连接，同时用于安装线路分配端子板。交接柜通常被放置在建筑物的底层或二层，推荐安装高度为其底部距离地面0.5~1.0m。

（2）分线箱和分线盒。配线柜和接线盒均用于接收来自配线架或上级配线设备的电缆，然后将其分配到各个电话接口盒（点），是配线电缆分支点的关键设备。

配线柜与接线盒的主要区别在于前者配备了保护装置，而后者则没有。因此，配线柜多用于用户接入线为明线的情况，其保护装置可预防雷电或其他高压通过明线进入系统。接线盒则多用于接入线为导线或小型对数电缆，这类电缆不太可能遭受强电流侵入。

（3）过路箱。转接箱一般用于暗线配线时电缆线路的转接或连续，箱内不应穿越其他线路。当直线（水平或垂直）敷设的电缆管和用户线管长度超过30m，或者管路弯曲两次时，应增设转接箱（盒），以便于线缆穿设施工。转接箱应安装在建筑物的公共空间内，建议底部距离地面0.3m~0.4m；若安装在住户内的门后，则应适当调整高度。

（4）电话出线盒。电话接口盒是连接用户线路和电话设备的装置，依据其安装方式的不同，可区分为壁挂式和地插式两种。在住宅楼房中，电话配线盒的建议安装高度为其顶部距离顶棚0.3m。电话接口盒最好采用暗装方式，并应使用专用接口盒或插座，不得随意使用其他插座替代。若选择地板式电话接口盒，建议安装在人流通路之外的隐蔽位置，其盒口应与地面保持齐平。电话机通常由用户直接连接到电话接口盒上。传真机可以与电话机共享同一电话交换网络和双向专线，其安装步骤与电话机相同。

（5）用户终端设备。用户端设备涵盖电话机、电话传真机以及用户保护器等设备。

8.3.4　信息网络系统

信息网络系统是一个由计算机、通信设备（无论是有线还是无线）、接入设备、处理设备、控制设备及其相关的辅助设备和综合布线等组成的复杂人机系统。该系统按照一定的应用目标和规则，执行信息的采集、加工、交换、存储、传输、检索等一系列操作。

信息网络在智能建筑中的应用

（1）提供网络服务。例如，为政府机构提供电子政务服务，或为企业提供电子商务平台。

（2）公开信息服务。例如，开通基于IP的电话服务（VoIP）和基于IP的电视服务（IPTV）。

（3）共享资源服务。构建数据资源中心，为建筑物内的用户提供信息搜索、查询、公示和引导服务，如视频点播（VOP）、在线教育、在线医疗等。

（4）专用业务应用。对于不同类型的智能建筑，如医疗机构、机场候机楼、学校、博物馆、运动场馆、剧院等，会基于信息网络构建各自独特的业务应用系统。

（5）管理信息系统。例如，整合企业内部的财务、人力资源、生产、销售等部门的计算机化管理，在信息网络的基础上构建一个统一的管理信息系统。

（6）办公自动化应用。信息网络还可以支持公文流转、领导审批、电子文档管理和报表打印等功能，推动实现无纸化办公。

（7）物业管理。信息网络还能帮助管理建筑物内部各类设施的资料、数据以及运行和维护情况。

（8）集成智能系统。如利用智能建筑管理系统（IBMS），并在此基础上建立"应急响应系统"等高级功能。

8.3.5 有线电视及卫星电视接收系统

8.3.5.1 有线电视

（1）有线电视体系的相关定义及分类。有线电视系统，也被称为社区天线电视系统或线缆电视系统，是通过线缆作为传输媒介来播送电视节目的闭路电视系统。所谓的"闭路"，指的是系统不会向外部空间辐射电磁波。

有线电视系统已经从早期的共享天线电视系统逐渐演进为功能多样、媒体丰富、频道众多、画质高清且支持双向传输的先进数字电视网络。例如，"双向传输系统"能在每个用户的终端配备摄像头、转换器等设备，从而满足用户对电视节目的个性化需求，并能综合提供电视教育、信息查询、防火、防盗、报警等多项服务，构成了一个日臻完善的闭路电视服务网络。有线电视之所以能得到迅速发展，主要归功于其高质量的画面、宽广的带宽、良好的保密性和安全性、即时的反馈、高效的控制、使用的灵活性，以及广阔的发展前景等特点。

从系统规模和用户数量的角度来看，有线电视系统可以分为大型、中型、中小型和小型等几种类型。

根据工作频段的不同，有线电视系统又可以分为VHF系统、UHF系统以及VHF+UHF混合系统等几种模式。若按照功能划分，则有线电视系统包括普通型和多功能型两种。

而从用途上来看，有线电视系统又可以分为广播有线电视和专用有线电视，即应用电视两大类。然而，随着技术的不断进步，这两者之间的界限已经逐渐模糊，呈现出一种相互融合的趋势。

（2）基本组成结构。有线电视系统主要由信号接收源、前端设备、主干传输系统、用户分配网络以及用户终端等几个部分构成。其整体结构见图8-5。

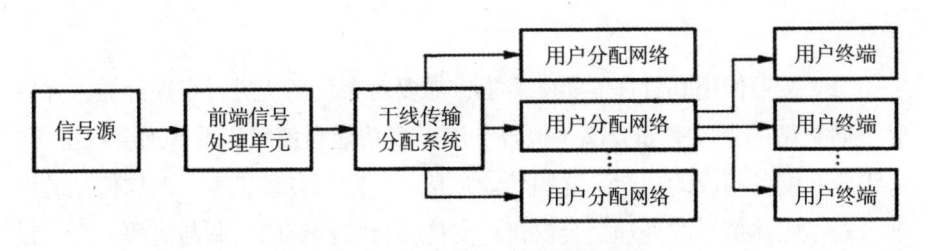

图8-5 有线电视系统的基本组成

8.3.5.2 卫星电视接收系统

卫星电视接收系统包含几个关键组件：抛物面天线、信号馈源、高频接收器、功率分配装置以及卫星信号接收机；在设立这样的接收系统之前，必须获得国家相关部门的正式许可。

8.3.6 公共广播系统

公共广播系统现已成为众多建筑物信息服务设施的基础组成部分。该系统技术性能的提升涵盖了诸多功能，例如：按区域进行播放和语音寻呼、紧急广播的全区或分区发布、与消防信号的联动、设置音源的优先级等。

此外，还具备系统功放热备份、开放的通信协议、网络化音频和控制信号的传送、音频的网络化操控、直观的图形操作界面、集中与分散控制的兼容性、分区音频处理、多音源播放列表的可编程性。更高级的功能包括多路分区并行总线能力、远程监控、时钟同步协议、自动日志记录、环境噪音监测及音量自动补偿、中心与本地音源的灵活调配，以及设备故障报警等。

8.3.7　会议系统

（1）按照使用和管理等实际需求，需要对会议场所进行合理分类，并针对不同类型的会议室如会议（报告）厅、多功能会议室以及普通会议室等，来组合并配备相应的功能。这些功能包括但不限于音频扩声、图像信息的展示、对多媒体信号的处理、会议讨论支持、会议内容的录制与播放、会议设施的集中控制，以及会议相关信息的发布等。

（2）在进行系统设计时，必须严格遵守多项国家标准，包括但不仅限于《电子会议系统工程设计规范》（GB 50799—2012）、《厅堂扩声系统设计规范》（GB 50371—2006）、《视频显示系统工程技术规范》（GB 50464—2008），以及《会议电视会场系统工程设计规范》（GB 50635—2010）的相关规定。

8.4　建筑设备管理系统

建筑设备管理系统是一个对建筑内的各种设备进行全面管理的系统，它涵盖了设备监控和公共安全等多个方面。

该系统不仅涉及建筑设备的监控，还包括建筑能效的监管，以及其他需要管理的业务设施。这一系统的核心目标是确保建筑设备的稳定运行、安全性以及满足物业管理的要求。通过优化设备运行管理和提升建筑能源效率，该系统有助于实现绿色建筑的建设目标。它被视为建筑智能化系统工程中，为建筑物运营提供基础保障的重要设施。

8.4.1 建筑设备监控系统

（1）此系统监控的设备相当广泛，不仅包括冷热源、供暖、通风和空调设备、给排水系统、供配电系统、照明和电梯等，还涵盖了那些以独立控制体系形式纳入管理的特定设备监控系统。

（2）系统收集的信息种类繁多，如温度、湿度、流量、压力、压差、液位、照度、气体浓度、电量和冷热量等，这些都是反映建筑设备运行基础状态的重要数据。

（3）监控的方式与建筑设备的运行工艺紧密相连，并致力于满足对实时状况监控、管理方式和管理策略的优化需求。

（4）该系统还能够根据管理需求，与公共安全系统的信息进行关联。

（5）此外，它还具备向建筑内的其他相关集成系统提供设备运行和维护管理状态等信息的功能。

8.4.2 建筑能效监管系统

建筑能效监管系统是一种集成的解决方案，旨在通过实时监测、数据分析和优化控制等手段提高建筑的能效水平。这种系统通常基于建筑自动化系统集成技术，可以在确保使用者健康、舒适的前提下，实现节约能源、提高能效，并降低建筑物全生命周期成本的目标。

建筑能效监管系统的主要功能包括：

（1）实时监测。系统通过安装传感器装置和数据采集设备，对建筑内的各项能源消耗进行实时监测。这些传感器可以采集诸如温度、湿度、光照等环境参数，以及设备的运行状态和能耗数据。

（2）数据分析。采集到的能源消耗数据会被传输到数据中心进行存储和分析。通过统计分析、模式识别、异常监测等手段，系统可以了解建筑的能源消耗状况，找出能源消耗的主要问题和瓶颈，为提高能效提供依据。

（3）优化控制。基于数据分析的结果，系统可以通过控制建筑内的设备和系统，调整能源的使用方式和策略，实现能源消耗的最优化。例如，系统可以远程控制照明设备的关闭和运行状况，空调的启停等，以达到节能降耗的目的。

（4）可视化界面。系统提供一个可视化界面，用于展示建筑能源消耗的情况和优化效果。这可以帮助用户对能源消耗情况进行实时监测，并提供一些建议和指导，以便更好地了解建筑能效状况和优化方向。

建筑能效监管系统还可以实现能耗计量、能效分析、绿色技术监控以及相关系统集成等功能。这些功能共同作用于建筑的能源管理，旨在提高建筑的能效水平，降低能源消耗和成本。

8.5 公共安全系统

公共安全系统是一套运用现代科技构建的综合技术防范和安全保障体系，旨在应对各类危害社会安全的突发事件。该系统涵盖了火灾自动报警及联动控制、安全技术防范以及应急响应等多个子系统。

8.5.1 火灾自动报警及消防联动控制系统

火灾自动报警及消防联动控制系统在火灾监测、控制和扑灭方面表现出色，对于保护人们的生命和财产安全具有至关重要的作用。随着我国经济的蓬勃发展，众多高层建筑对火灾自动报警与灭火系统提出了更高的要求。国家相关部门对建筑物的火灾预防和消防安全给予了高度重视，特别是在《建筑设计防火规范（2018年版）》（GB 50016—2014）、《火灾自动报警系统设计规范》（GB 50116—2013）以及《火灾自动报警系统施工及验收规范》（GB 50166—2019）等一系列消防技术标准的颁布和强制执行之后，这一系统在国民经济建设中，尤其是在现代工业和民用建筑的防火安全领域，具有举足轻重的地位，已然成为现代建筑中不可或缺的安全技术保障。

8.5.2 安全技术防范系统

安全技术防范系统须根据保护对象的防护层级和安全防范的管理要求来构建，它以建筑物的物理防护为基础，融合了电子信息技术、信息网络技术和专业的安全防范技术。

该系统涵盖了多个子系统，包括入侵报警系统、视频安防监控系统、出入口控制系统、电子巡查系统、访客对讲系统、停车库（场）管理系统等，同时也可根据各类建筑物的特殊安全管理需求，增设其他专门的安全技术防范系统。

关于安全技术防范系统的设防区域及重点部位，具体包括：

周边界限，如建筑物或建筑群的外围边界、楼外的广场区域、建筑物的外墙周边、建筑物的地面层以及顶层等。

各类出入口，这不仅包括建筑物或建筑群的周边出入口、建筑物的地面层出入口，还涵盖办公室的门、建筑物内部及建筑群间的通道出入口、紧急出口、疏散口，以及停车场或车库的出入口等。

各种通道，例如周边区域内的主要通道、门厅或大堂、建筑物内各楼层的通道、电梯间、自动扶梯的出入口等。

公共场所，如接待室、商务中心、购物区域、会议室、酒吧、咖啡馆、功能转换层、避难层，以及停车场或车库等。

关键区域，这包括重要的工作室、厨房、财务室、收款集中处、建筑设备的监控中心、信息技术机房、重要物品的仓库、安全监控中心和管理中心等。

思考题

1. 智能化系统工程的架构和系统配置是如何构建的？请参考图8-1和表8-1进行说明。

2. 在智能建筑工程中，各类智能化系统之间的信息交流是如何实现的？请简述通信接口程序的要求。

3. 综合布线系统由哪几个部分组成？请简述每个部分的功能和作用。

4. 建筑设备监控系统监控哪些类型的设备？它如何与公共安全系统进行信息关联？

5. 在绿色建筑和可持续发展的背景下，信息设施系统如何与其他智能建筑系统协同工作，以实现节能减排和环保目标？

6. 火灾自动报警及消防联动控制系统在现代建筑中的重要性体现在哪些方面？它依据的主要设计规范有哪些？

参考文献

[1] 王克河，焦营营，张猛.建筑设备[M].北京：机械工业出版社，2021.

[2] 田娟荣.建筑设备[M].北京：机械工业出版社，2021.

[3] 方忠祥，戎小戈.智能建筑设备自动化系统设计与实施[M].北京：机械工业出版社，2021.

[4] 李春旺.建筑设备自动化[M].2版.武汉：华中科技大学出版社，2017.

[5] 李炎锋.建筑设备自动化系统[M].北京：北京工业大学出版社，2012.

[6] 喻李葵.建筑设备自动化[M].长沙：中南大学出版社，2018.

[7] 余志强.智能建筑环境设备自动化[M].2版.北京：北京大学出版社，2024.

[8] 油飞，马晓雪，叶巍.建筑智能化概论[M].北京：北京理工大学出版社，2024.

[9] 崔莉，尹静.火灾自动报警系统[M].北京：中国建筑工业出版社，2023.

[10] 梅晓莉，王波.智能建筑楼宇自控系统研究[M].北京：中国纺织出版社有限公司，2023.

[11] 王志强.绿色低碳理念在建筑给水排水设计中的应用[J].供水技术，2024，18（2）：47–50.

[12] 徐彪.建筑工程中的暖通空调节能技术应用探讨[J].中国设备工程，2024（10）：217–219.

[13] 刘金玉，刘艳，高巍，等.建筑给水系统数智化节水技术[J].广东水利水电，2024（03）：52–56.

[14] 朱亮.建筑消防工程防排烟设计与施工重点研究[J].工程建设与设计，2023（16）：42–44.

[15] 郑志鹏.建筑消防工程防排烟设计与施工重点问题关注[J].陶瓷，2020（7）：106–107.

[16] 周伟军.办公建筑变流量中央空调冷冻水系统的优化控制技术[J].科学技

术创新，2023（23）：137-140.

[17] 朱准.建筑空调负荷预测算法研究[D].北京：北京建筑大学，2018

[18] 陈文强.建筑节能优化设计技术平台中智能知识库的研究及开发[D].南京：东南大学，2017.

[19] 冯妍.基于BIM技术的建筑节能设计软件系统研制[D].北京：清华大学，2010.

[20] 肖远辉.浅析建筑设备监控系统在公共建筑中的应用[J].智能建筑与智慧城市，2023（11）：123-125.

[21] 刘彦东.建筑设备监控系统在空调系统中的应用[J].设备管理与维修，2018（16）：108-110.

[22] 朴芬淑.建筑给水排水设计与施工问答实录[M].2版.北京：机械工业出版社，2016.

[23] 周巧仪，戎小戈，张智靓，等.智能建筑照明技术[M].北京：电子工业出版社，2012.

[24] 袁尚科，赵子琴，张双德，等.建筑设备工程[M].重庆：重庆大学出版社，2014.

[25] 徐立芳，莫宏伟.工业自动化系统与技术[M].哈尔滨：哈尔滨工业大学出版社，2014.

[26] 王鹏，李松良，王蕊.建筑设备[M].3版.北京：北京理工大学出版社，2022.

[27] 闫军.防火强制性条文速查手册[M].北京：中国建筑工业出版社，2020.

[28] 李亚峰，马学文，陈立杰，等.建筑消防技术与设计[M].2版.北京：化学工业出版社，2017.

[29] 闵玉辉.建筑施工强制性条文速查手册[M].北京：化学工业出版社，2014.

[30] 李玉云，田国庆，李绍勇，等.建筑设备自动化[M].2版.北京：机械工业出版社，2016.